JN087493

PC・IT
図解

仕組みを知って仕事に生かす！

オール
カラー版

パイソン
Python
プログラミングの
技術としくみ

[著] 金城俊哉

秀和システム

はじめに

　本書を手に取っていただき、ありがとうございます。この本では、Pythonというプログラミング言語を使って、プログラミングの基本から始め、徐々にスキルを向上させていくための手助けをします。Pythonは初学者にとって非常に理解しやすく、かつ強力な言語であり、この本を通じてその魅力を体感していただければと願っています。

●なぜPythonなのか？

　Pythonはシンプルで読みやすい文法を備えていて、プログラミングの初心者にとって扱いやすい言語です。それでありながら、幅広い分野に対応できる機能を備え、仕事のプロジェクトから趣味用のプログラムまで様々な用途で利用されています。本書では、その基本的な概念からスタートし、徐々に実践的なスキルを身に付けていけるように構成しています。

●本書の特長

・図解中心でわかりやすい

　複雑なコンセプトも視覚的な要素を交えて説明し、理解を深める手助けをします。

・実践的な例

　理論だけでなく、実際のプログラミングを通じて学ぶことで、身に付けた知識を実践できるようになります。

・ステップバイステップの進行

　初めての人にとってわかりやすいよう、ステップバイステップで進行し、各段階で無理なく理解を深めていきます。

　本書を通じてPythonの魅力を理解し、楽しさを感じながらスキルを向上させていただければ幸いです。一緒に学びながら、Pythonの素晴らしい世界に飛び込んでいきましょう！

2024年2月　金城俊哉

CONTENTS

本書の特徴と各章の構成

　この本は、「図を見て概念的なことから理解する」というコンセプトに基づく
Pythonプログラミングの解説書です。図解の体裁をとっていますが、多くの場面で
実際にプログラミングを体験できるのが特徴です。

章	内容	難易度
01 イントロダクション	Pythonとは何のことか、何ができるのかを知り、実際にプログラミングするために必要な準備をします。	★
02 変数とデータ型	変数の使い方と、プログラムで扱うデータの種類について紹介します。	★
03 コレクション	複数のデータをまとめて管理する方法を紹介します。	★
04 制御構造	状況によって処理の流れを変えたり、同じ処理を繰り返す方法を紹介します。	★
05 文字列と日付データの操作	文字列や日付データを扱うコツをまとめました。	★
06 ファイル操作	プログラムからテキストファイルを読み込んだり、書き込んだりする方法を紹介します。	★★
07 関数	関数はプログラミングを便利にする魔法の道具です。オリジナルの関数を作成し、利用する方法をまとめました。	★★
08 オブジェクト指向 プログラミング	「クラス」という道具を使って、プログラムらしい少し複雑な処理を行う方法を紹介します。	★★★
09 Webとの連携	Web上で公開されている情報を、プログラムから自動的に収集する方法を紹介します。	★★
10 デスクトップアプリの開発	操作画面を持つアプリを実際に作成します。	★★
11 データ分析（機械学習） 超入門	Pythonのデータ分析（機械学習）について、基礎的なことをプログラミングを通じて学びます。	★★★

01

イントロダクション

　Pythonは、幅広い分野に対応した使いやすいプログラミング言語です。この言語を使ってできることはたくさんあります。Web開発では、WebサイトやWebアプリケーションを作るのに使われています。例えば、InstagramやDropboxなどの有名なサービスもPythonで開発されています。

　データサイエンスや機械学習も得意分野で、データを解析して有益な情報を引き出すことができます。科学や統計、人工知能 (AI) の分野で広く活用されています。さらに、作業を自動化したり、反復的なタスクを簡単に処理したりできるので、仕事の効率アップを図る目的でも使われています。

　ゲーム開発やネットワークプログラミングにもPythonが使われています。Pythonの文法はシンプルかつ直感的なので、初心者でも楽しくプログラミングを学ぶことができます。

01 Pythonとは

本書のテーマである「Pythonプログラミング」への導入として、そもそもPythonとは何をするものなのか、どんな使われ方をしているのか、そして誕生以来の経緯について見ていきましょう。

●プログラミング言語としてのPython

Pythonは**プログラミング言語**です。プログラミング言語は、人間がコンピューターに対してタスク (作業) や命令を伝える際に、コミュニケーション手段としての役割を持ちます。以下は、Pythonをはじめとする汎用プログラミング言語の主な目的と役割です。

・コンピューターの制御

プログラミング言語を使用することで、コンピューターを、特定のタスクや操作を実行するように制御できます。これにより、コンピューターが特定の計算や動作を実行できます。

・アルゴリズムの実装

プログラミング言語は、タスクの処理手順や問題を解決するための処理手順 (**アルゴリズム**) をコード (プログラム) として表現するために使用されます。

・アプリケーション開発

アプリケーション (アプリ) の開発に使用されます。デスクトップアプリ、Webアプリ、モバイルアプリ、ゲームアプリ、データベースアプリなどが含まれます。

・データ処理

データの収集・変換・分析・保存などを行うプログラムの開発や、科学技術計算におけるデータ処理において使用されます。

・自動化

　コンピューター上の作業の自動化に使用されます。定型的な作業や反復的な作業をプログラムで処理することで、生産性が向上します。

・制御構造の実現

　プログラミング言語が実装する条件分岐やループ、関数などの機能を使用して、プログラムの処理の流れを制御します (制御構造の実現)。このことで、プログラムの複雑な**ロジック***が構築できます。

●Pythonの誕生から今日までの経緯

Pythonは1989年にロッサムによって開発されたプログラミング言語です。

誕生 (1989年)

・Pythonは1989年、オランダにおいてGuido van Rossum (グイド・ヴァン・ロッサム) によって開発が始まりました。
・シンプルな構文と記述ルール (文法)、可読性に焦点を当て、プログラマーにとって使いやすい言語を目指して開発が進みます。

公式リリース (1991年)

・初の公式バージョン、Python 0.9.0が公開されました。
・引き続き、多くのPythonコミュニティによる協力と改良によってバージョンアップが続きます。

「Python」の名前は、彼が好んで視聴していたイギリスのコメディ番組『空飛ぶモンティ・パイソン』にちなんで付けられました。

***ロジック**:「アルゴリズム」とほぼ同じ意味で使われることも多いですが、ここでは「処理の流れや手順」という意味で使っています。例えば「ロジックの組み合わせで処理の速さが変わる」のように使います。

● 2000年〜

Python 2.xリリース (2000年)

・Javaなどの高水準言語と同レベルの機能を搭載した「Python 2」がリリースされます。

> Python 2の登場によって一躍メジャーな言語となります。

Python 3.xリリース (2008年)

・長い試験期間を経て、言語の構文や機能の改良を含む重要なアップデートとしてPython 3.0が公開されます。
・Python 3はPython 2への後方互換性がないため、少なからぬ混乱を招き、Python 3への移行に相当の期間を要することになります。

> Python 2とPython 3が同時に存在することになります。

● 2010年〜

人気の急上昇 (2010年〜)

2010年代に入ると、データサイエンス、機械学習、Web開発などの分野でPythonが広く使用されるようになり、Pythonの需要が急増します。

> Pythonの様々なライブラリが登場したのが要因です。

● 2020年〜

Python 2の終了 (2020年)

・Python 2のサポートが2020年に終了します。
・これにより、Python 3への移行が完了となります。

現在

・Pythonは現在、最も人気のあるプログラミング言語とされています。
・データサイエンス、機械学習、Web開発、自然言語処理などの分野での幅広い適用性が、その人気を支えています。

> いまやPythonは人気ナンバーワンの言語となりました。

> 様々な分野に対応したライブラリが豊富なことも一因ですね。

02 Pythonの特徴

　Pythonの人気は、簡潔な構文、コードの可読性などのPython本体が持つ魅力に加え、強力なPythonコミュニティによる豊富なライブラリの提供によって支えられています。Pythonがプログラミング初心者からエキスパートまで、多くの開発者にとって魅力的な言語となった理由についてお話ししましょう。

●他の言語と比較しつつPythonの特徴を見る

　Pythonは、C言語やJavaなどの他のプログラミング言語と比較して独自の特徴を持っています。

* **構文の簡潔さ：**
  Python：構文は非常に簡潔で読みやすく、インデント（字下げ）によるブロック構造を採用しています。これにより、コードの可読性が向上し、文法的にも簡潔なものになります。
  C言語、Java：文末にセミコロンを必要とし、波括弧 {} を使用してブロックを定義するため、コードが煩雑な印象となり、読みにくいことがあります。また、記号を多用する傾向があります。

* **動的型付け：**
  Python：動的型付けを採用していて、変数の型宣言が不要です。変数の型は実行時に自動的に決定されます。
  C言語、Java：静的型付けを採用しているため、変数の型宣言が必要です。変数の型はコンパイル時に確定します。

- **オブジェクト指向プログラミング：**

  Python：オブジェクト指向プログラミング (OOP) をサポートしていて、オブジェクト指向のプログラミングが容易です。

  C言語、Java：C言語ではサポートされませんが、C系のC++やC#、そしてJavaではサポートされています。

- **動的なメモリ管理：**

  Python：自動的なメモリ管理を提供しており、プログラマーが手動でメモリを確保・解放する必要がありません。

  C言語、Java：C言語はメモリ管理をプログラマーが明示的に行う必要があります。

- **豊富なライブラリ：**

  Python：標準搭載のライブラリに加え、数多くのサードパーティ製のライブラリが提供されています。

  C言語、Java：多くのライブラリが提供されていますが、Pythonほどは充実していません。

●Python以外のメジャーな言語を見てみよう

システムプログラミング／ネイティブ開発

●**C/C++**
ハードウェアに近いプログラミングが可能で、OSの開発やデバイスドライバー、ゲームエンジンの開発に使用されます。

●**Rust**
メモリ管理の細部にわたる制御が可能で、C/C++と同じく、OSやデバイスドライバー、組み込みシステムなどの低水準のプログラミングに使用されます。

デスクトップアプリ／データベースアプリ開発

● **Visual C#／**
Visual Basic
Microsoft社のVisual
Studioを用いて開発し
ます。

● **Java**
SwingやJavaFXなどの
GUIライブラリを用い
て開発します。

Pythonには
「Tkinter」「PyQt5」
などのGUI専用
ライブラリが用意
されています。

Webアプリ開発

● **JavaScript**
フロントエンドおよび
バックエンドの開発に
使用されます。

● **Ruby**
Ruby on Railsフレーム
ワークを使用した迅速
なWebアプリケーショ
ン開発が可能。シンプル
でエレガントな構文が
特徴です。

Web系の開発では
「Django」「Flask」
などの統合型の
ライブラリによる開発が
人気です。

● **Java**
Java EE*と関連する技
術 (Servlet、JSP、EJB、
JPAなど)を使用した、大
規模なエンタープライズ
Webアプリケーション
の開発に適しています。

● **PHP**
サーバーサイドのWeb
プログラミングに利用
されています。「Word
Press」の開発はPHPで
行われています。

モバイルアプリケーション

● **Swift**
iOSおよびmacOSアプ
リケーションの開発に使
用されます。

● **Kotlin**
Androidアプリの開発に
採用され、Javaに代わる
選択肢として急速に普及
しています。

● **Java**
Android StudioとJava
を組み合わせてAndroid
プラットフォーム向けの
モバイルアプリを開発し
ます。

*****Java EE**：Java Platform, Enterprise Editionの略。

ゲーム開発			
● C++	● C#	● Java	● Swift

データサイエンス／機械学習

● R
統計学者やデータアナリストの間で普及しています。専用の開発環境として「RStudio」が用意されています。機械学習用のライブラリが充実しています。

Pythonでは
pygameなどの
ライブラリを使用して、
2Dゲームを開発
できます。

03 Pythonの用途

　Pythonは文法がシンプルで学習が容易です。また、専門的な分野においても文法や手続きに必要以上にとらわれることなくプログラミングに集中できるため、様々な用途で広く使用される汎用性を備えた言語となっています。

●Pythonの用途

　Pythonがどのような分野で使われているかを見てみましょう。

• Web開発
　サーバーサイドプログラミング*に広く使用されています。DjangoやFlaskなどのWebフレームワーク (統合型ライブラリ) を利用して、高性能なWebアプリケーションを開発できます。

• データ分析と科学技術計算*
　データ分析、データ可視化、統計モデルの作成などのデータサイエンス、および機械学習の分野で使われています。NumPy、Pandas、Matplotlib、SciPy、scikit-learnなどのライブラリが利用されます。

• 人工知能とディープラーニング
　人工知能を実現するディープラーニングの分野で使われています。ディープラーニング用ライブラリとしてTensorFlow、Keras、PyTorchがあります。

---

*サーバーサイドプログラミング：サーバー側で動作するアプリケーションの開発のこと。一方、ブラウザー側で動作するプログラムの開発は「クライアントサイドプログラミング」などと呼ぶ。ブラウザー (クライアント) 側は「フロントエンド開発」、サーバー側は「バックエンド開発」とも呼ばれる。
*科学技術計算：コンピューターを活用して科学技術上の問題を解決する学問分野で、材料科学、環境科学、生命科学などで扱われる。

- **自然言語処理**

 テキストデータの処理、**トピックモデリング**＊、文書分類、機械翻訳などを実行するプログラム開発に、Pythonが利用されています。

- **デスクトップアプリケーション**

 Tkinter、PyQt5などのライブラリを利用したGUIアプリの開発に使われています。

- **ゲーム開発**

 pygameなどのライブラリを使用したゲームプログラミングに使われています。

- **ネットワークプログラミング**

 ソケットプログラミングや**Webスクレイピング**＊などに使われています。

- **自動化およびスクリプティング**

 タスクの自動化、バッチ処理、システム管理、テストなどの領域で使われています。

- **IoT (Internet of Things)**

 IoTデバイスのプログラミングで使用され、センサーからのデータ収集、処理、制御などが行えます。

＊**トピックモデリング**：大量のテキストデータを分析し、その中に含まれるトピック (topic) を自動的に抽出すること。topicとは「話全般に共通するもの」のことを指すので、会話文などにおける「話題」「話の種」、講演や論文などにおける「題目」「テーマ」などをプログラムで自動抽出する──という意味になる。

＊**Webスクレイピング**：Webサイトから情報を抽出するソフトウェア技術のこと。手動で行うこともできるが、一般的には**ボット**や**クローラー** (Web上の文書や画像などを周期的に取得してデータベース化するプログラム) を利用した自動化技術を指す。

03-01 ソケットプログラミング

「ソケット」は、通信のための接続ポイントのこと。1つのソケットは、通信相手のコンピューターを識別するためのIPアドレスと、使用しているアプリケーションを識別するためのポート番号に接続されます。

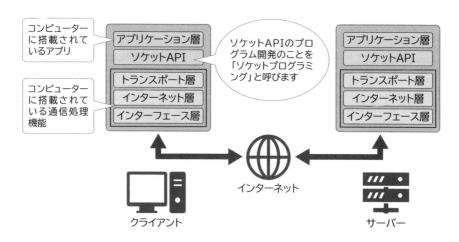

03-02 IoTデバイスの例

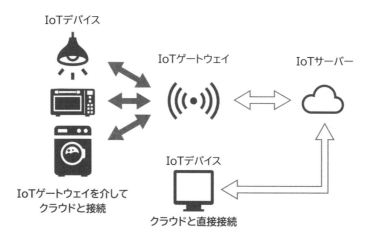

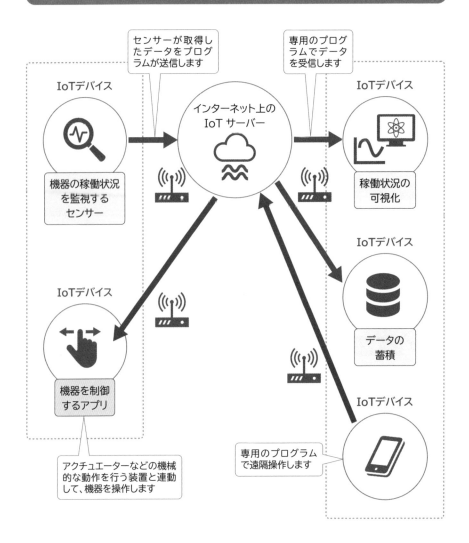

04 PythonとWebプログラミング

PythonとWebプログラミングの関係について説明します。

●Webアプリケーションの開発

Web開発用のフレームワーク*としてDjango、Flask、Pyramidなどがあり、これらのフレームワークを利用することで、高品質のWebアプリケーションを効率的に開発できます。

●HTTPリクエストの処理

HTTPリクエストの処理を行うライブラリ「Requests」を用いて、Webサイトにアクセスしてページの取得を行うことができます。

●Webスクレイピング

専用のライブラリ（BeautifulSoup4など）を用いて、Webサイトからデータを収集し、解析するプログラムを開発できます。

---

*フレームワーク：開発に必要な機能一式が収録され、プログラムの開発手順や設計パターンがあらかじめ組み込まれている総合型ライブラリのこと。共通する処理部分を自動作成するので、独自に実装したい処理を追加するスタイルで開発が行える。

●Web APIの開発

　Webスクレイピングはクライアント側のプログラムですが、Pythonではデータを提供するサーバー側のプログラム「Web API」の開発も行えます。Web APIは主に、

・**ソーシャルメディアプラットフォーム**[*]におけるユーザーデータの提供
・地図サービスにおける地理情報データの提供
・支払い専用のAPIによるオンライン決済の処理
・**クラウドストレージプロバイダー**[*]におけるファイルのアップロード、ダウンロードの管理

などに使われています。Web API用のURLにアクセスすると、サーバー側のプログラムが起動し、必要な操作を行うことで上記の処理が行われる仕組みです。Webスクレイピング対応のWeb APIの場合は、要求に応じてXML形式やJSON形式のファイルを生成し、これを転送する処理を行います。

---

[*]**ソーシャルメディアプラットフォーム**：ソーシャルサービスやソーシャルアプリを提供する際に、プラットフォーム（基盤）として利用されるSNSのこと。ここでいうSNSには、インターネット上でユーザー同士がつながれる場所を提供するサービス（XやInstagramなど）のほかに、一般的なサービスを提供するWebサイトも含まれる。
[*]**クラウドストレージプロバイダー**：インターネット経由でデータストレージ（データの保持等の機能）などのコンピューター資源を提供するIT企業のこと。

04-01 フレームワークを用いたWebアプリ開発

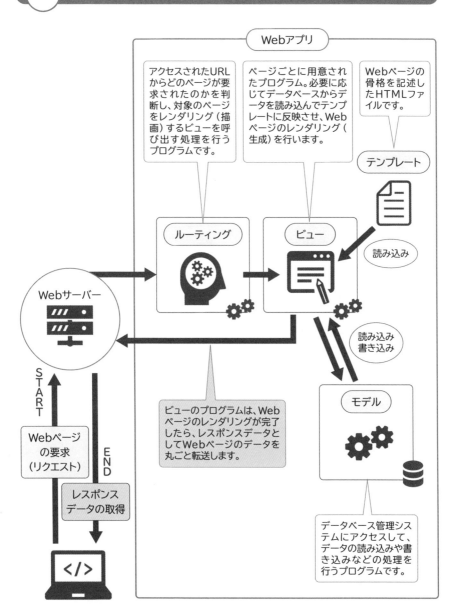

Webアプリ

アクセスされたURLからどのページが要求されたのかを判断し、対象のページをレンダリング（描画）するビューを呼び出す処理を行うプログラムです。

ページごとに用意されたプログラム。必要に応じてデータベースからデータを読み込んでテンプレートに反映させ、Webページのレンダリング（生成）を行います。

Webページの骨格を記述したHTMLファイルです。

テンプレート

ルーティング

ビュー

読み込み

Webサーバー

START

END

読み込み
書き込み

モデル

ビューのプログラムは、Webページのレンダリングが完了したら、レスポンスデータとしてWebページのデータを丸ごと転送します。

Webページの要求（リクエスト）

レスポンスデータの取得

データベース管理システムにアクセスして、データの読み込みや書き込みなどの処理を行うプログラムです。

</>

05 Pythonとデータ分析

Pythonには、データ分析のための様々なライブラリが用意されていることから、データ分析の様々な側面で幅広く使用されています。

●データ分析とは

「**データ分析**」とは、主に

・データの収集
・データの整理と前処理
・統計分析

などのことを指し、意思決定や問題解決、予測など、様々な目的で使用されます。次の単元で紹介する「機会学習」も、広い意味での「データ分析」に含まれます。

●Pythonによる統計学の各種手法の実施

ここでは統計学に基づく「**統計分析**」の各手法とPythonの関係について見ていきます。

• **記述統計学**──Pandasやstatsmodelsを利用
　平均、中央値、分散、標準偏差などの基本的な統計量を計算します。

• **仮説検定**──SciPy を利用
　ライブラリを用いることで、t検定、カイ二乗検定、分散分析などの仮説検定を実施できます。

• **回帰分析**──scikit-learn を利用
　ライブラリを用いることで、線形回帰、ロジスティック回帰などの回帰モデルを構築できます。

- **時系列分析──sktime や Prophet、statsmodels などを利用**

  時系列分析は、過去のパターン (**時系列データ**＊) を分析し、未来のデータポイントを予測するために使用されます。時系列データには、気温等の気象データ、売上や株価、経済指標などがあります。

- **クラスタリング──scikit-learn を利用**

  バラバラのデータから類似要素を見つけ出し、似ているデータをまとめてグループ (**クラスター**) 化します。販売サイトにおける顧客の購買パターン別のグループ化などに利用されています。

- **主成分分析 (PCA)──scikit-learn を利用**

  元のデータの情報を保持しつつ、データの次元 (データの項目数) を削減します。データの複雑さを軽減し、データの可視化や分析を容易にするのが目的です。

- **因子分析──scikit-learn を利用**

  データセットの変数 (データの項目) 間における相関関係 (特定の項目のデータの変化が他の項目のデータと連動するような関係) を見つけ出して、データを単純化して要約します。具体的な用途としては、顧客の購買行動、心理学的テストの解析、マーケティングリサーチ、健康状態の評価などがあります。

- **ベイズ統計学──PyMC3 などのライブラリを利用**

  ベイズ推定、マルコフ連鎖モンテカルロ (MCMC) サンプリングなどのベイズ統計学の手法を実施します。

＊**時系列データ**：連続的な時間間隔で観測されるデータのこと。

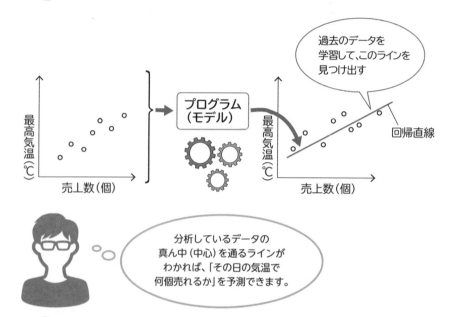

過去のデータを
学習して、このラインを
見つけ出す

回帰直線

分析しているデータの
真ん中（中心）を通るラインが
わかれば、「その日の気温で
何個売れるか」を予測できます。

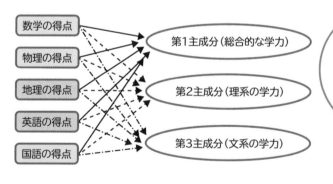

学生ごとの5教科の
得点を3つの主成分に
集約することで、
総合学力タイプ、
理系タイプ、文系タイプ
に分類できるように
なる例です。

06 > Pythonと機械学習

「**機械学習**」とは、コンピューターが大量のデータを分析し、ルールやパターンを学習する技術です。機械学習は、人工知能（AI）の一種と見なされています。

●機械学習の学習方法

機械学習には、データの学習方法の違いから大きく分けて「教師あり学習」「教師なし学習」「強化学習」の3種類があります。

・教師あり学習

教師あり学習では、学習用のデータとその答えとなるデータ（正解値）を用意し、学習データをプログラム（「モデル」と呼ぶこともあります）に入力すると、自動的に正解値を出力するようにプログラム自体に学習させます。学習目的が販売予測などの「数値予測」の場合は、正解値は**連続値**になります。一方、学習目的が画像分類（写真に写っている物体が何であるかを言い当てる）などの「分類」の場合は、分類先のカテゴリを示す**離散値**になります。

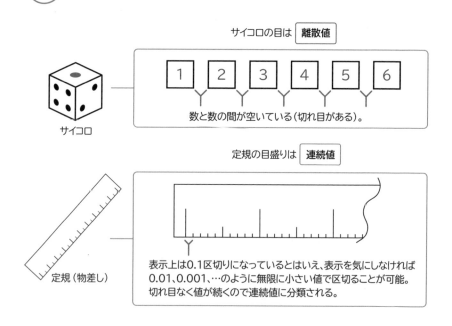

サイコロの目は　離散値

サイコロ

1　2　3　4　5　6

数と数の間が空いている（切れ目がある）。

定規の目盛りは　連続値

定規（物差し）

表示上は0.1区切りになっているとはいえ、表示を気にしなければ0.01、0.001、…のように無限に小さい値で区切ることが可能。切れ目なく値が続くので連続値に分類される。

• **教師なし学習**

　教師なし学習は、答えとなるデータが存在せず、与えられたデータのみを使ってルールやパターン（データの特徴）を捉えることを目的にプログラム（モデル）に学習させます。教師なし学習には「**クラスタリング**＊」「次元削減」「**オートエンコーダー**＊」などがあります。

＊**クラスタリング**：与えられたデータからパターンやルールを見いだして、類似するデータを任意の数のグループ（クラスター）に分ける——という教師なし学習の一手法。「ショッピングサイトの顧客データから類似する顧客の集団を見つける」などの目的で使用される。

＊**オートエンコーダー**：次元削減やデータ圧縮のためのプログラム（モデル）のこと。データの中から「他とは一致しないパターンのデータを検出（異常検知）」する場合に利用されています。

06-02 学習済みのオートエンコーダーで、ノイズを加えた画像を復元する例

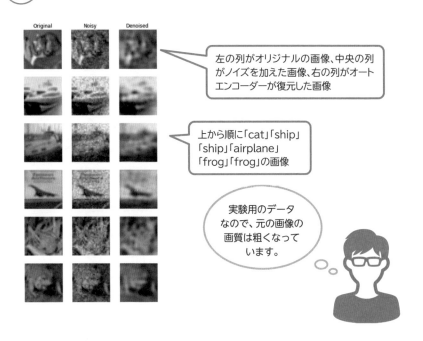

左の列がオリジナルの画像、中央の列がノイズを加えた画像、右の列がオートエンコーダーが復元した画像

上から順に「cat」「ship」「ship」「airplane」「frog」「frog」の画像

実験用のデータなので、元の画像の画質は粗くなっています。

• 強化学習

　強化学習は、教師あり学習や教師なし学習のような予測や分類、グループ分け(クラスタリング)とはまったく異なる目的で学習を行います。具体的には「エージェント」と呼ばれる学習器(プログラム)が与えられた環境を観察し、次にとるべき行動を自ら学習します。チェスや囲碁、将棋などのボードゲームでは、ボード上の駒や盤面がエージェントの環境となります。エージェントは盤面の状態を観察し、最も有効な次の一手を打とうとします。金融取引の場合は株式市場や仮想通貨市場などがエージェントの環境となり、エージェントは価格データを分析し、取引を実行して利益を最大化しようとします。

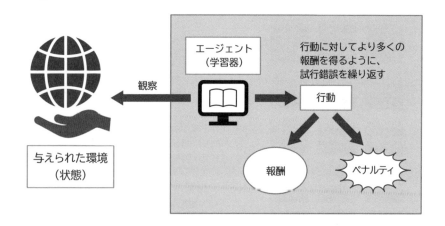

●「教師あり学習」における「予測モデル」について

　教師あり学習の目的が**「数値予測」**の場合に、正解値が連続値になることは前述したとおりです。この場合の学習に用いられるプログラムのことを、「予測器」または「予測モデル」と呼びます。

　次ページの図は、「不動産に関する地区ごとのデータから、その地区の住宅価格を算出する」処理を行う予測モデルが学習するイメージです。

　この例では、地区ごとの人口、世帯の平均居住者数や平均収入などのデータがあり、正解値（教師データ）として、地区ごとの平均住宅価格も含まれます。この場合の予測モデルの目的は「未知の地区の不動産関連データを入力すると、その地区の平均住宅価格の予測値が返される」ことです。そのための事前準備として、予測モデルには正解値以外のデータを入力し、地区ごとの平均住宅価格を出力するように学習させます。このとき、デタラメな値を出力しないよう、正解値と照合しつつモデルの内部を調整します。モデルはプログラム（計算式の塊とお考えください）なので、大まかにいうとプログラム内部の計算式を調整します。

　モデルの学習がうまくいけば、未知の地区のデータを入力すると、その地区の平均住宅価格の予測値が出力されるようになります。

06-04 教師あり学習における予測モデルの学習イメージ

地区	人口	世帯の平均 居住者数	世帯の 平均収入	最寄り駅 の数	住宅の 平均価格
A1	5000	3	500	1	2000
A2	2000	4	450	2	1500
A3	800	2	600	1	980
A4	1500	2	850	2	2100

照合し誤差を
求める

データの読み込み

予測値を
出力

機械学習のモデル

地区	平均価格の 予測値
A1	○○○○
A2	△△△△
A3	××××
A4	□□□□

誤差が0になるように、モデル（の内部の計算式）を調整する

●「教師あり学習」における「分類モデル」について

　教師あり学習の目的が「**分類**」の場合、正解値は分類先のカテゴリを示す離散値になります。分類の学習に用いられるプログラムのことを、「分類器」または「分類モデル」と呼びます。分類モデルで最も有名なのが「画像分類」のモデルです。

　ここでは例として、「自動車」「飛行機」「船」の画像を分類するモデルについて考えてみます。正解値（離散値）については自動車が「0」、飛行機が「1」、船が「2」とします。学習のためのデータとして、図06-02中のオリジナル画像と同様（ただし今回は3種類の乗り物）の画像を大量に（異なる画像をできるだけ多く）集め、分類モデルに1枚

ずつ画像データを入力して、それぞれの画像について予測値を出力させます。もちろん、単に入力しただけではデタラメな値を出力するので、そうはならないように画像ごとに正解値と照合しつつ、正しい値を出力するようにモデル内部の計算式を調整し、学習を行わせます。ポイントは、例えば自動車であれば、様々な写り方（描かれ方）をした多くの車種の画像を大量に用意することです。もし、自動車の画像が1枚しかなかったなら、その画像しか分類できなくなるためです。

　学習がうまくいけば、分類モデルはあらゆる自動車や飛行機、船の画像を正しく分類できるようになります。

06-05　教師あり学習における分類モデルの学習イメージ

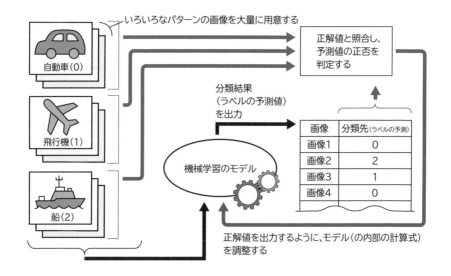

07 Pythonとディープラーニング

機械学習の1つの分野である「**ディープラーニング**」において、コーディングのしやすいPythonが主要な開発言語として広く用いられています。

●画像分類

画像分類は、ディープラーニングの代表的なタスク (課題) です。2種類の画像を分類 (二値分類) したり、前の単元に出てきた自動車・飛行機・船のように3種類以上の画像を分類 (多クラス分類) します。

●物体検出

画像内の物体を検出し、その位置およびその物体が何であるかを示すタスクです。画像分類とは異なり、1枚の画像の中から複数の物体を、四角い枠を用いて検出します。

●セマンティックセグメンテーション

画像内の物体を検出し、その物体の領域およびその物体が何であるかを示すタスクです。物体の輪郭を検出し、その領域を塗りつぶすようにして検出します。1枚の画像から複数の物体を検出します。

●自然言語処理 (NLP)

コンピュータープログラムが人間の言語を理解し、処理を行うタスクです。

・**テキスト分類**：スパムメールの検出、感情分析、ニュース記事のトピック分類などが含まれます。
・**テキスト生成**：テキストを生成するタスク。文章の自動要約や文章生成をします。
・**機械翻訳**：1つの自然言語から別の自然言語へのテキスト翻訳のタスクです。

・**情報抽出**：テキストから情報を抽出するタスク。特定の人物や場所、日付などの情報を取り出すために使用されます。

・**ディープラーニングとNLP**：ディープラーニングを用いた「大規模言語モデル」を搭載したChatGPTやBardは、NLPの高度なタスクとしてトップレベルのパフォーマンスを達成しています。

●生成モデル

生成モデルは、画像生成（GAN）、テキスト生成、音楽生成（オーディオデータの分析、音声認識といったオーディオ処理の1つ）などのクリエイティブなタスクを実行します。

07-01 物体検出の例

「person 0.91」と表示

「person 0.90」と表示

「dog 0.98」と表示

枠の上部のラベルには「物体名」および「その物体である確率」が表示されます

四角い枠を使って物体を特定し、枠内の物体が何であるかを言い当てます

画像の中の物体を四角い枠を使って特定し、物体名とその物体である確率を出力します。これは画像の中の検出可能なすべての物体に対して行われます。

07-02　物体を特定する四角い枠の選定

物体を特定する四角い枠は、
サイズと位置の異なるものが
大量に用意されており、
事前学習によって最も
当てはまりのよいものが選択
されるようになります。

08 プログラム開発の流れ

ここでは、Pythonでプログラムを開発する流れについて見ていくことにしましょう。

●開発環境の用意

Pythonで開発するには、開発環境として次の2つを事前に用意します。

・Python本体

Pythonで書かれたプログラムをコンピューターで実行するために必要なソフトウェア一式が含まれています。ソースコードを読み取ってマシン語に変換する「**インタープリター**」や、**プログラムの実行に必要な様々な機能**[*]が納められています。

・開発ツール

コーディングに必要なエディターをはじめ、デバッグやメンテナンスのための様々なプログラムやリソース (資源) を総称して「**開発ツール**」と呼びます。さらに、これらの機能をオールインワンで1つにまとめたソフトウェアのことを「**統合開発環境 (IDE)**」と呼びます。本書では、多言語対応のソースコードエディター「**Visual Studio Code**」(以下、「**VSCode**」とも表記) をPython対応に設定して開発を行います。

---

[*] **プログラムの実行に必要な様々な機能**：データ型や制御構造、関数、入出力といったプログラミング言語の根幹となる仕組みに加え、標準ライブラリ (基本的な処理を行うプログラム部品の集合体) なども含まれます。

08-01 エディターとしてのVSCodeの統合開発環境 (IDE) 化

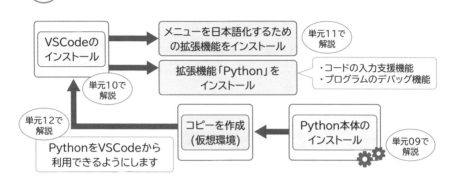

●コーディング

　エディターでソースファイルを開いてコードを入力します。Pythonのソースファイルは拡張子が「.py」のファイルです。なお、Notebook (後述) の場合は画面上の入力領域である「セル」にコードを入力します。Notebookは拡張子が「.ipynb」のファイルです。

08-02 PythonのソースファイルをVSCodeのエディターで開いたところ

エディターでソースファイルを開いてソースコードを入力します。

●プログラムの実行

　ソースファイル (またはNotebookのセル) に記述されたソースコードは、Pythonの文法に沿って書かれたテキスト形式のデータです。これを読み込んで、コンピューターが解釈できる「マシン語」に変換するのが「Pythonインタープリター」です。単元12では、Pythonの仮想環境を作成し、仮想環境のインタープリターでプログラムを実行できるように設定します。

08-03　Pythonのプログラムが実行される流れ

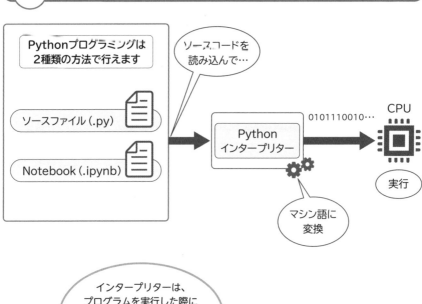

09 Pythonのインストール

Python本体には、Pythonプログラムを実行するためのインタープリターをはじめとする、Pythonの実行環境一式が含まれます。本書では、開発ツールとして「Visual Studio Code」を使用しますが、Python本体を先にインストールしておく必要があります。

●Pythonのインストーラーをダウンロードする

ブラウザーで「https://www.python.org/downloads/」のページを開くと、ページの中ごろにバージョン別のダウンロードページへのリンクがあります。「Python 3.xx」のxxの部分が最新のものより1つ前のバージョンのリンクをクリックします。

> **09-01** Pythonの各バージョンのインストールページへのリンク

この画面側では最新バージョンがPython 3.12.0なので、1つ前のPython 3.11.6をクリック

最新バージョンだと、Pythonの外部ライブラリが未対応の場合があるためです。**Python 3.xx**のxxが最新のものより1つ前のバージョンを選択するのがポイントです。

表示されたページに「Files」という項目があります。Windowsの場合は「Windows installer (64-bit)」、macOSの場合は「macOS 64-bit universal2 installer」をクリックすると、ダウンロードが開始されます。

09-02　Pythonのダウンロード

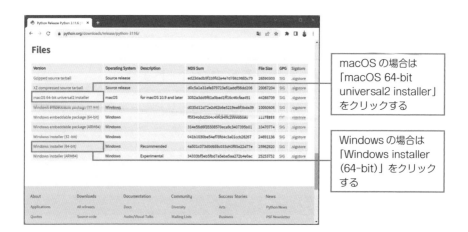

macOS の場合は
「macOS 64-bit
universal2 installer」
をクリックする

Windows の場合は
「Windows installer
(64-bit)」をクリック
する

●Pythonをインストールする

Windowsの場合は、ダウンロードされた「python-3.xx.x-amd64.exe」をダブルクリックして起動します。インストール先のパスを控えておき (Visual Studio Codeを設定する際に必要になることがあるため)、**Add python.exe to PATH**にチェックを入れて**Install Now**をクリックします。

09-03 インストーラーの最初の画面

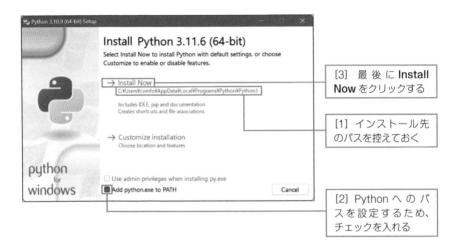

[3] 最後に **Install Now** をクリックする

[1] インストール先のパスを控えておく

[2] Python へのパスを設定するため、チェックを入れる

macOSの場合は、
ダウンロードされたpkgファイルを
ダブルクリックすると
インストーラーが起動しますので、
画面の指示に従って
インストールを行ってください。

10 VSCodeのダウンロードと インストール

Microsoft社が開発したソースコードエディター「Visual Studio Code」(本書では「VSCode」とも表記)のダウンロードとインストールの手順を紹介します。

●VSCodeのダウンロード

ブラウザーを起動して「https://code.visualstudio.com/」にアクセスします。ダウンロード用ボタンの▼をクリックして、Windowsの場合は**Windows x64**の**Stable**のダウンロード用アイコンをクリックします。

10-01 VSCodeのインストーラーをダウンロードする

macOS の場合は、**macOS** の **Stable** の ダウンロード用アイコンをクリック

Windows の場合は、**Windows x64** の **Stable** の ダウンロード用アイコンをクリック

●VSCodeのインストール (Windows)

　ダウンロードした「VSCodeUserSetup-x64-x.xx.x.exe」(x.xx.xはバージョン番号) をダブルクリックしてインストーラーを起動し、次の手順でインストールを行います。

❶「使用許諾契約書の同意」の画面が表示されます。内容を確認して**同意する**をオンにし、**次へ**ボタンをクリックします。

❷インストール先のフォルダーが表示されるので、これでよければ**次へ**ボタンをクリックします。変更する場合は**参照**ボタンをクリックし、インストール先を指定してから**次へ**ボタンをクリックします。

❸スタートメニューにおいてショートカットを保存するフォルダー名が表示されるので、このまま**次へ**ボタンをクリックします。

❹VSCodeを実行する際のオプションを選択する画面が表示されます。**サポートされているファイルの種類のエディターとして、Codeを登録する**と**PATHへの追加(再起動後に使用可能)**がチェックされた状態で、**次へ**ボタンをクリックします。

❺**インストール**ボタンをクリックして、インストールを開始します。

❻インストールが完了したら、**完了**ボタンをクリックしてインストーラーを終了しましょう。

●VSCodeのインストール (macOS)

　ダウンロードしたZIP形式ファイルをダブルクリックして解凍するとアプリケーションファイル「VSCode.app」が作成されるので、これを「アプリケーション」フォルダーに移動します。以降は「VSCode.app」をダブルクリックすれば、VSCodeが起動します。

VSCodeのセットアップ

VSCodeでプログラミングできるように、「日本語化パックのインストール」、「画面全体の配色の設定」、「拡張機能Pythonのインストール」を行います。

●「Japanese Language Pack for VS Code」をインストールする

VSCodeのメニューなどの表示を日本語にするための「Japanese Language Pack for VS Code」を、次の手順でインストールします。

❶VSCodeを起動し、画面左側のボタンが並んでいる領域 (アクティビティバー) のExtensionボタンをクリックします。
❷Extensionビューが開くので、検索欄に「Japanese」と入力します。
❸「Japanese Language Pack for VS Code」が検索されるので、Installボタンをクリックします。

11-01 「Japanese Language Pack for VS Code」のインストール

❶クリックする

❷ 「Japanese」と入力する

❸ Install ボタンをクリックする

❹インストールが完了したら、VSCodeを再起動します。再起動後、VSCodeが日本語表記になっていることが確認できます。

●画面全体の配色を設定する

VSCodeの画面には「**配色テーマ**」が適用されていて、暗い色調や淡い色調で表示されるようになっています。ここでは、**Dark(Visual Studio)**が適用されている状態から**Light(Visual Studio)**に切り替えて、白をベースにした淡い色調にしてみます。

❶**ファイル**メニューをクリックして、**ユーザー設定➡テーマ➡配色テーマ**を選択します。

11-02　配色テーマの設定の手順

ファイルメニューの**ユーザー設定➡テーマ➡配色テーマ**を選択

❷設定したい配色テーマを選択します。ここでは**Light(Visual Studio)**を選択します。

▼ 配色テーマの選択

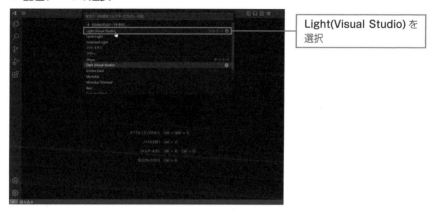

Light(Visual Studio) を
選択

❸選択した配色テーマが適用されます。

▼ 配色テーマ適用後の画面

選択した配色テーマ
が適用される

●拡張機能「Python」をインストールする

　VSCodeでPythonプログラムを開発するには、拡張機能「Python」をインストールすることが必要です。

❶**アクティビティバー**（画面右端の縦長の領域）の**拡張機能**ボタンをクリックします。
❷**拡張機能**ビューが表示されるので、入力欄に「Python」と入力します。
❸検索された「Python」の**インストール**ボタンをクリックします。

11-03　拡張機能Pythonのインストール

❶**拡張機能**ボタンを
　クリックする

❷「Python」と入力する

❸「Python」の**インストー
ル**ボタンをクリックする

12 開発のための仮想環境を用意する

Pythonで開発（プログラミング）する際は、Python本体をコピーした「仮想環境」を使って開発するスタイルが主流です。

●「仮想環境」を用いた開発

　プログラミングをするときは、エディターに入力したソースコードを実際に実行して結果を確認する作業が不可欠です。Pythonの場合は、ソースコードをPython本体が読み取って実行します。

　ただし、Python本体に追加でインストールできる外部ライブラリが数多くあるため、Webアプリの開発や機械学習など、異なる分野のライブラリをまとめてPython本体にインストールしてしまうと、あとあとの管理がとても面倒です。ライブラリは頻繁にバージョンアップされるので、アップデートの作業も混乱しがちです。そこで、開発の目的ごとに「Python本体のコピー」を作成して開発を行います。Python本体のコピーを「仮想環境」と呼びます。

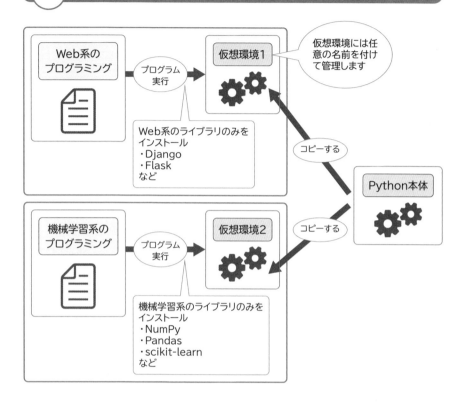

12-01 仮想環境を2つ用意した例

Web系の
プログラミング

プログラム
実行

仮想環境1

仮想環境には任
意の名前を付け
て管理します

Web系のライブラリのみを
インストール
・Django
・Flask
など

コピーする

Python本体

機械学習系の
プログラミング

プログラム
実行

仮想環境2

コピーする

機械学習系のライブラリのみを
インストール
・NumPy
・Pandas
・scikit-learn
など

●Notebookの作成

　仮想環境は、Pythonのソースファイル（拡張子「.py」）から作成する方法と、
Notebook（拡張子「.ipynb」）から作成する方法のどちらかを使って作成できます。
本書では基本的にNotebookを用いて解説しますので、Notebookから仮想環境を
作成する方法を紹介します。
　最初に、Notebookを保存するためのフォルダーを任意の場所に作成しましょう。
作成が済んだらVSCodeの**ファイル**メニューの**フォルダーを開く**を選択して、作成
したフォルダーを開きます。

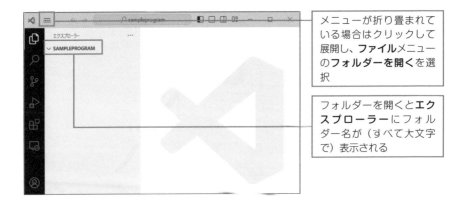

メニューが折り畳まれて
いる場合はクリックして
展開し、**ファイル**メニュー
の**フォルダーを開く**を選
択

フォルダーを開くと**エク
スプローラー**にフォル
ダー名が（すべて大文字
で）表示される

　エクスプローラーの上部右側の**新しいファイル**ボタンをクリックし、「note.ipynb」
と入力して**Enter**キーを押します。任意の名前でかまいませんが、拡張子は「.ipynb」
にしてください。

▼ Notebookの作成

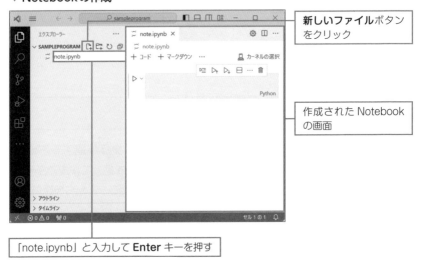

新しいファイルボタン
をクリック

作成された Notebook
の画面

「note.ipynb」と入力して **Enter** キーを押す

●Notebookを開いた状態で仮想環境を作成する

Notebookの画面の上部右側に表示されている**カーネルの選択**をクリックし、上部に開いたパネルの**Python環境**を選択します。

12-03 Notebookから仮想環境を作成する手順

+Python環境の作成を選択します。

▼ [+Python環境の作成] の選択

Venv 現在のワークスペースに '.venv' 仮想環境を作成しますを選択します。

▼ 仮想環境の作成

Venv 現在のワーク
スペースに '.venv' 仮
想環境を作成します
を選択

　インストール済みのPythonのパスが表示されている場合はこれを選択すると、仮想環境が作成されます。Pythonのパスが表示されていない場合は、**+インタープリターパスを入力**を選択します。

▼ 仮想環境の作成

Python のパスが表示
されていない場合は、
**+ インタープリター
パスを入力**を選択

インストール済みの
Python のパスが表示
されている場合はこ
れを選択すると、仮
想環境が作成される

　先の画面で**+インタープリターパスを入力**を選択した場合は、パスの入力欄が表示されるので「python.exe」のパスを入力して**Enter**キーを押します。Pythonのインストール時にパスを記録していた場合は、パスの最後に「\python.exe」を付け加えたものを入力してください。

・Python 3.11のパスの例 (Windows)

```
C:\Users\<ユーザー名>\AppData\Local\Programs\Python\
Python311\python.exe
```

▼ インタープリターパスを入力して仮想環境を作成

Python インタープリターのパスを入力して **Enter** キーを押す

Notebookと同じ場所に仮想環境として「.venv」フォルダーが作成され、Python一式がコピーされています。Notebookのプログラムを実行する環境として「.venv」が選択されているのが確認できます。

▼ Notebook用のフォルダー以下に作成された仮想環境

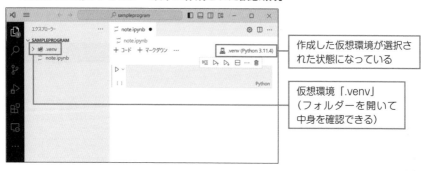

作成した仮想環境が選択された状態になっている

仮想環境「.venv」
（フォルダーを開いて中身を確認できる）

●新規のNotebookを作成したときの仮想環境の選択

新規にNotebookを作成した場合は仮想環境が未選択の状態になっていて、**カーネルの選択**と表示されるので、次の手順で仮想環境を選択することが必要です。

カーネルの選択と表示されている部分をクリックすると画面上部にパネルが開くので、作成済みの仮想環境 (.venv) を選択します。

12-04 新規のNotebookで仮想環境を選択する方法

カーネルの選択と表示されている部分をクリック

作成済みの仮想環境（.venv）を選択

●Notebookの画面

Notebookの画面には、ソースコードを入力して実行するための機能がコンパクトにまとめられています。

12-05 Notebookの画面

コマンドバー

コマンドパレット

セル

＋コードをクリックすると、現在のセルの下に新しいセルを追加できます

13 ▷ Notebookの使い方

Notebookは、Pythonの開発ツール「Jupyter Notebook」の1つの画面で、ソースコードを入力するための「セル」と呼ばれる領域が配置されています。

●Notebookのセルにソースコードを入力して実行する

現在、Notebookとして「note.ipynb」が作成され、画面が開いています。セルに次のように入力して、**セルの実行**ボタンをクリックしてみましょう。

13-01 セルのソースコードを実行する方法

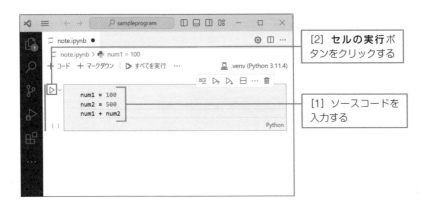

[2] **セルの実行**ボタンをクリックする

[1] ソースコードを入力する

セルの下に実行結果が出力されます。Notebookのセルはインタラクティブ型（対話型）として動作するので、num1などの変数名を入力した場合はその値が出力され、計算式だけを入力すると計算結果が出力されます。ただし、セルの最終行が変数名または計算式で終わっている場合のみに限られます。

▼ セルの実行結果

セルの実行結果が
出力される

●セルの追加

コマンドバーの**＋コード**をクリックすると、選択中のセルの下に新しいセルを追加できます。セルは必要に応じていくつでも追加できます。

13-02 セルを追加する

＋コードをクリック

新しいセルが追加される

●Notebookの保存

ファイルメニューの保存を選択すると、セルに入力したソースコードと実行結果を含めて保存することができます。

13-03 Notebookを保存する

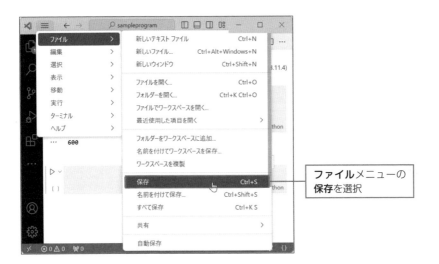

ファイルメニューの
保存を選択

●セルの再実行

セルは何度でも繰り返し実行できます。もちろん、セルの内容の編集（ソースコードの書き換え）をして再実行することもOKです。この場合、前回の実行結果（出力）は新しいものに書き換えられます。

●セルの削除など

　セルの右上に表示されているコマンドパレットのボタンで、セルの削除などの操作が行えます。

13-04 コマンドパレットのボタンとその機能

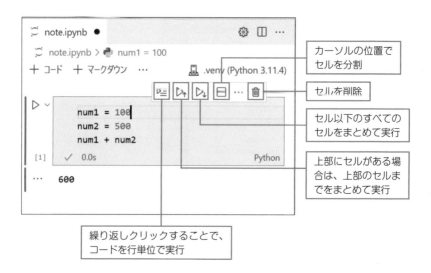

14 Python用エディターの使い方

　ここでは、Pythonのソースファイル（拡張子「.py」）を作成し、ソースコードを入力して実行するまでの手順を紹介します。

●専用のフォルダー内にPythonのソースファイルを作成する

　現在、VSCodeの**エクスプローラー**では、プログラム保存用のフォルダー「sampleprogram」が開かれ、単元12で作成した仮想環境「.venv」とNotebook「note.ipynb」が表示されています。

　フォルダー名の右横にある**新しいファイル**ボタンをクリックするとファイル名の入力欄が開くので、「ファイル名.py」のように拡張子「.py」を付けて入力し、**Enter**キーを押します。ここでは「program.py」と入力しました。

14-01 ソースファイル（.py）の作成

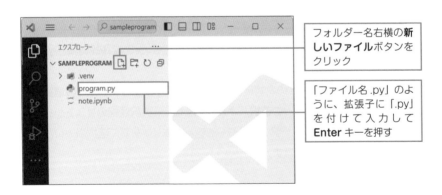

フォルダー名右横の**新しいファイル**ボタンをクリック

「ファイル名 .py」のように、拡張子に「.py」を付けて入力して**Enter** キーを押す

拡張子「.py」を付けたことでPythonのソースファイルであることが認識され、エディターの画面が開きます。

▼ ソースファイル作成直後の画面

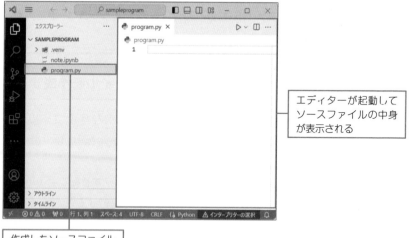

エディターが起動してソースファイルの中身が表示される

作成したソースファイル

●仮想環境のPythonインタープリターを選択する

　現在開いているソースファイルのコードを実行できるように、仮想環境のPythonインタープリターを選択します。

　ステータスバー（画面下端）の右端に表示されている**インタープリターの選択**をクリックすると**インタープリターの選択**パネルが開くので、選択候補のリストから仮想環境（ここでは「.venv」）のインタープリターを選択します。すでに選択済みになっている場合は、この操作は不要です。

14-02 仮想環境のPythonインタープリターの選択

[2] 仮想環境（ここでは「.venv」）のインタープリターを選択

[1] **インタープリターの選択**をクリック

Hint ## 仮想環境のインタープリターが選択できない場合

インタープリターの選択パネルに仮想環境のインタープリターが表示されない場合は、次の手順で操作してください。

①VSCodeの**エクスプローラー**で仮想環境のフォルダー「.venv」を開き、内部の「Scripts」フォルダーを開きます。
②内部に「python.exe」があるので、これを右クリックして**相対パスをコピー**を選択します。
③ステータスバーの右端に表示されている**インタープリターの選択**をクリックして**インタープリターの選択**パネルを開き、**＋インタープリターパスを入力**を選択します。
④パスの入力欄が開くので、内部を右クリックして**貼り付け**を選択し、②でコピーした相対パスを貼り付け、**Enter**キーを押します。
⑤仮想環境のPythonインタープリターが選択され、ステータスバーに**3.xx.x（'.venv': venv）**のようにインタープリターのバージョンが表示されます。

●ソースコードを入力して実行する

現在、ソースファイル「program.py」がエディターで開かれ、仮想環境のPythonインタープリターが選択されています。エディター内部をクリックして、次図のように3行のコードを入力します。

14-03　エディターを使ってコードを入力する

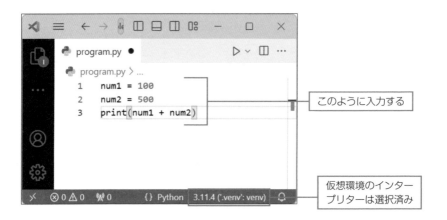

このように入力する

仮想環境のインタープリターは選択済み

Notebookの場合は、最後の行に式を書くと結果が出力されましたが、ソースファイルの場合はprintという命令を使って出力する必要があります。では、入力したコードを実行してみましょう。

画面左端の**アクティビティバー**の**実行とデバッグ**ボタンをクリックして**実行とデバッグ**ビューを表示し、**実行とデバッグ**ボタンをクリックします。

14-04 プログラムの実行手順

[2] **実行とデバッグ**ビューの**実行とデバッグ**ボタンをクリック

[1] **実行とデバッグ**ボタンをクリック

初回実行時のみ**デバッグ構成を選択する**パネルが表示されるので、**Pythonファイル 現在アクティブなPythonファイルをデバッグする**を選択します。

▼[デバッグ構成を選択する] パネル

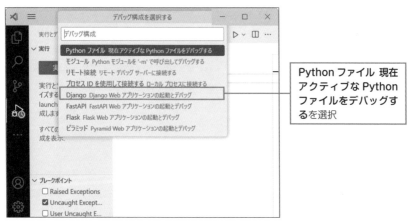

Python ファイル 現在アクティブな Python ファイルをデバッグするを選択

画面下部に**ターミナル**が開き、プログラムの実行結果が出力されます。

▼ **画面下部に開いた [ターミナル]**

print(num1 + num2)
によって出力された計
算結果

VSCodeの [ターミナル]

　VSCodeの**ターミナル**は、コマンドと呼ばれる命令文を入力してPC の設定や操作を行うための機能です。Windowsのコマンドプロンプトとほぼ同じです。本文中で紹介したように、Pythonのソースファイルを実行すると、自動で**ターミナル**が起動して仮想環境上のPythonインタープリターが呼び出される仕組みです。**ファイルメニューの新しいターミナル**を選択すると、**ターミナル**を単独で起動することができます。

▼**起動直後の [ターミナル]**

コマンド（命令文）の入力待ち状態に
なっている

ターミナルに仮想環境が関連付けられない

Windowsの場合、VSCodeのターミナルは、デフォルトで「**Windows Power Shell**」が使われます。仮想環境に関連付けられたNotebookやモジュール（.py）からターミナルを開いたときに仮想環境への関連付け（仮想環境のアクティベート）が失敗する場合は、ターミナル（または「Windows PowerShell」でも可）から次のコマンドを実行してください。

```
Set-ExecutionPolicy RemoteSigned -Scope CurrentUser -Force
```

このコマンドはPowerShellでスクリプトの実行を許可するためのもので、最初の1回だけ実行すれば、2回目以降は不要です。コマンド実行後、新規にターミナルを開くと、仮想環境への関連付け（仮想環境のアクティベート）が正常に行われます。

Attention 仮想環境に関連付けられたNotebookやモジュールからターミナルを開いたとき、冒頭に仮想環境名が表示されない

Python拡張機能のバージョンによっては、アクティブ化コマンドを使わずに、仮想環境をアクティブ化するようになっています。この場合、仮想環境に関連付けられたNotebookまたはモジュールからターミナルを起動すると、仮想環境名こそ表示されないものの関連付けは正常に行われているので、このままの状態で何の支障もありません。仮想環境名を表示したい場合は、ターミナルで

```
.\.venv\Scripts\Activate.ps1
```

のように、仮想環境内の「Scripts」➡「Activate.ps1」を実行すると、アクティブ化コマンドが実行され、パスの冒頭に「(.venv)」のように仮想環境名が表示されるようになります。

15 プログラムの書き方

Pythonの文法はとてもシンプルで読みやすく、英語に似た記法を採用しています。ですが、プログラミング言語として最低限、守らなければならないルールがあります。

●Pythonの構文がシンプルな理由

Pythonの構文 (書き方) がシンプルだといわれる理由について、次の3つの例を確認しておきましょう。

• シンプルな変数宣言

変数を宣言する際に、データ型 (文字列型、整数型など) を指定する必要がありません。

15-01 変数valueに数値の「100」を代入

```
value = 100
```

• インデントによるブロック構造

Pythonはインデントを使用してコードブロックを区別します。ブロックを区切る記号がないので、コードが非常に読みやすくなります。

15-02 条件分岐の例

変数valueの値が「100」であれば、「valueの値は100です」と出力されます。

```
if value == 100:
    print('valueの値は100です')
```

• **簡潔なループ構文**

繰り返し処理を行うforループは、シーケンス (連続した値) の要素を簡単に反復処理できます。

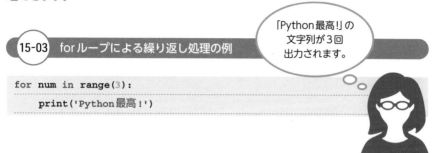

15-03 for ループによる繰り返し処理の例

「Python最高!」の
文字列が3回
出力されます。

```
for num in range(3):
    print('Python最高！')
```

●ソースコードは正確に記述しよう

Pythonのソースコードは主に半角のアルファベットと数字で記述します。他のプログラミング言語に比べて記号を使う機会は少ないのですが、必要最小限の範囲でいくつかの記号を使います。入力を間違えるとエラーが発生し、プログラムが正常に実行されないので、特に以下の点に気を付けましょう。

• **ソースコードは半角の英数字で入力します。**

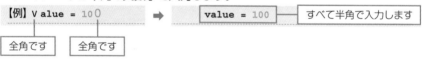

【例】Ｖalue = 10０

全角です　　全角です

➡

value = 100

すべて半角で入力します

• **スペースを入れる場合は必ず半角スペースにします。**

【例】value　= 100

全角スペースです

➡

value = 100

スペースも含めてすべて
半角で入力します

- 「.」(ピリオド) と「,」(カンマ) は間違えやすいので、正確に記述しましょう。

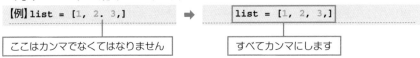

【例】`list = [1, 2. 3,]` ➡ `list = [1, 2, 3,]`

ここはカンマでなくてはなりません　　すべてカンマにします

- 「:」(コロン) を「;」(セミコロン) と間違えないようにしましょう。

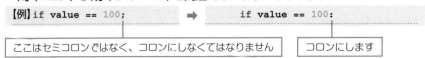

【例】`if value == 100;` ➡ `if value == 100:`

ここはセミコロンではなく、コロンにしなくてはなりません　　コロンにします

- () (丸カッコ)、[ ] (角カッコ)、{ } (波カッコ) を正確に使い分け、
  カッコの閉じ忘れに注意しましょう。

【例】`print['こんにちは']` ➡ `print('こんにちは')`

この場合は、角カッコにしてはいけません　　正しく丸カッコで記述します

- 引用符の「'」(シングルクォート) と「"」(ダブルクォート) を正確に使い分け、
  閉じ忘れ (先頭の引用符だけあって末尾の引用符が欠落) に注意しましょう。

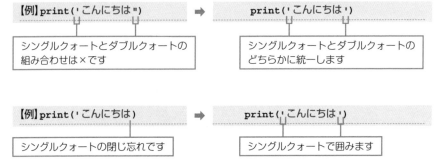

【例】`print('こんにちは")` ➡ `print('こんにちは')`

シングルクォートとダブルクォートの
組み合わせは×です　　シングルクォートとダブルクォートの
どちらかに統一します

【例】`print('こんにちは)` ➡ `print('こんにちは')`

シングルクォートの閉じ忘れです　　シングルクォートで囲みます

●コメントを活用しよう

ソースコードを正しく入力しても、あとで読み返したときに何を意味するコードなのか思い出せないことはよくあります。そうならないように、必要に応じて「**コメント**」を記述しておくようにしましょう。コメントとは、ソースファイルやNotebookのセルに記述できる説明文のことで、次図のように2種類の書き方があります。コメントとして記述した箇所はプログラムの実行時に無視されるので、動作にはまったく影響しません。

15-04　コメントの例

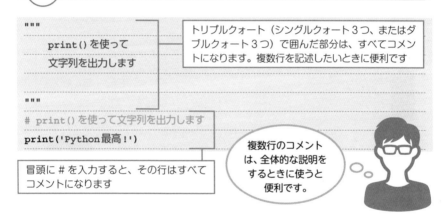

```
"""
    print()を使って
    文字列を出力します
"""
```

トリプルクォート（シングルクォート3つ、またはダブルクォート3つ）で囲んだ部分は、すべてコメントになります。複数行を記述したいときに便利です

```
# print()を使って文字列を出力します
print('Python最高!')
```

冒頭に # を入力すると、その行はすべてコメントになります

複数行のコメントは、全体的な説明をするときに使うと便利です。

Column ソースファイルやNotebookの再表示

開いた状態のソースファイルやNotebookは、ファイル名の右横にある **×** (閉じるボタン)をクリックして閉じます。

▼ファイルを閉じる、開く

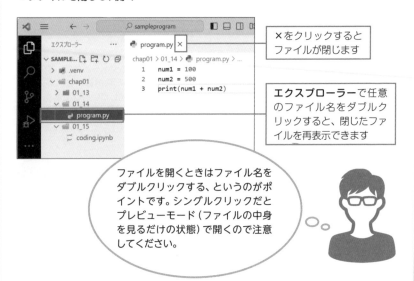

×をクリックするとファイルが閉じます

エクスプローラーで任意のファイル名をダブルクリックすると、閉じたファイルを再表示できます

ファイルを開くときはファイル名をダブルクリックする、というのがポイントです。シングルクリックだとプレビューモード (ファイルの中身を見るだけの状態) で開くので注意してください。

▼プレビューモードで開いた場合

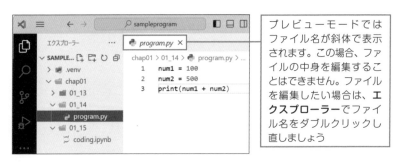

プレビューモードではファイル名が斜体で表示されます。この場合、ファイルの中身を編集することはできません。ファイルを編集したい場合は、**エクスプローラー**でファイル名をダブルクリックし直しましょう

02

変数とデータ型

Pythonの変数は、データを格納する箱のようなものです。変数を使うことで、データを簡単に扱うことができます。また、Pythonでデータを扱うときは、そのデータが「数値」であるか「文字列」であるか、「データ型」によって内部的に識別が行われます。

データ型は、プログラミング言語においてデータを効果的に操作し、処理するために必要な仕組みです。

16 式と演算

Pythonにおける「式 (expression)」は、計算の内容を示す演算子と、演算子を適用する値で構成されます。

●式

Pythonの「**式**」は、計算などの処理を行って結果を返します。

16-01 足し算を行う式／実行結果 (出力)

・足し算を行う式

```
100 + 50
```

・実行結果 (出力)

```
150
```

Notebookでは、セルの最後の行に式を入力して実行すると、計算結果がセルの下に出力されます。複数の式を入力してすべての計算結果を出力する場合は、print()という命令を使います。( )の中に式を入力すると、その式の計算結果が出力されます。

本書では基本的に
Notebookを用いて
プログラミングを行います。
ソースコードを記載する際は、
Notebookでのカラー表示
ルールに従っています。

セルに入力したコードを
実行する場合は、セル左横の
▶ (セルの実行) ボタンを
クリックしてください。

- 足し算の結果と引き算の結果を出力する

```
print(100 + 50)
print(100 - 50)
```

- 実行結果（出力）

```
150
50
```

●Pythonの演算子

プログラミングの世界では、式を用いて計算したり、評価したりする処理のことを総称して「**演算**」という呼び方をします。演算を行う式で使われる記号のことを「**演算子**」と呼び、四則演算（足し算、引き算、掛け算、割り算）で使うものを特に「**算術演算子**」と呼びます。

16-03 算術演算子

演算子	説明	使用例	使用例の結果	優先順位
**	指数（べき乗）	3**2	9	1
+	単項プラス	+3	3	2
−	単項マイナス	−3	−3	2
*	乗算（掛け算）	3*2	6	3
/	除算（割り算）	3/2	1.5	3
//	切り捨て除算	3//2	1	3
%	剰余（割り算の余り）	3%2	1	3
+	加算（足し算）	3+2	5	4
−	減算（引き算）	3−2	1	4

表の演算子は優先順位が高い順に並べています。単項プラス／マイナスは式における項が1つだけ（単項）の演算子です。

17 変数

「変数」は、プログラムの処理結果としての値を一時的に保存するための仕組みです。変数には任意の名前を付けることができ、変数名を指定することで値を取り出すことができます。

●式の計算結果としての「値」

Notebookのセルに式を記述して実行すると、計算結果が出力されました。print()命令を使ったとさも同じように出力されました。

17-01 式の計算結果が表示される流れ

式はインタープリターによってマシン語に変換され、CPUに送られます。CPUは結果をメモリに書き込み、これがNotebookのセルの下に出力される仕組みです。ポイントは、メモリに書き込まれた計算結果の値です。Notebookに出力された値は画面を閉じない限り表示され続けますが、一時的にメモリに記憶されていた値そのものは、すぐに消えてしまいます。

●「変数」を使う

計算結果を用いて、別の処理をすることを考えます。

> **17-02** 計算結果を用いて別の処理をする例

| `10 + 5 * 2` | ➡ | 「`10 + 5 * 2`」の結果を2倍したい |

最初から1つの式に
まとめればよいのですが、
処理を分けざるを得ないこと
が往々にしてあります。

そういうときのために
「値を保持してくれる
仕組み」が必要です。

> **17-03** 【構文】変数に代入する（変数を定義する）

`変数名 = 式または値`

　変数には任意の名前を付けることができます。「＝」は、右側（右辺）の値を左側（左辺）の変数に代入する（「格納する」ともいう）ことを意味する記号で、「**代入演算子**」と呼ばれます。右辺が式の場合は、その計算結果が変数に代入されます。このように、変数に代入して変数を使える状態にすることを「**変数を定義する**」といいます。定義済みの変数については、変数名を書くだけで、代入（格納）されている値を取得することができます。

【構文】変数の参照（変数の値の取得）

変数名

valueという変数に「10 ＋ 5 ＊ 2」の結果を代入して、print()で出力してみます。

17-05 式の計算結果を出力する／実行結果（出力）

・式の計算結果を出力する

```
value = 10 + 5 * 2
print(value)
```

・実行結果（出力）

```
20
```

17-06 変数への代入と参照

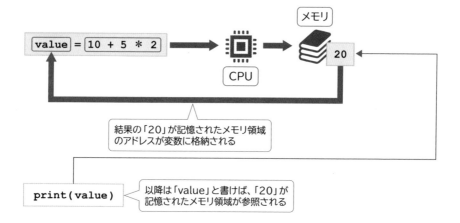

結果の「20」が記憶されたメモリ領域
のアドレスが変数に格納される

```
print(value)
```

以降は「value」と書けば、「20」が
記憶されたメモリ領域が参照される

17-07 変数をイメージで捉える

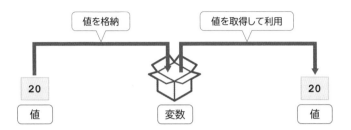

| 値を格納 | | 値を取得して利用 |

| 20 | | 20 |
| 値 | 変数 | 値 |

●変数名に関するルール

変数名は、原則としてアルファベットのみ、またはアルファベットにアンダースコア (_) や数字を組み合わせて自由に決められますが、次表のルールがあるので注意してください。

17-08 変数名を付けるときのルール

ルール	説明
Pythonの予約語は使用不可	if、else、for、while、withなどの予約語を変数名にすることはできません。
先頭に数字は使えない	1process、2processは不可。 process1、process_1などとします。
先頭にアンダースコアを2つ続けるのは不可	__valueは不可。先頭にアンダースコアを付ける場合は_valueのように1つだけにします。
複数の単語をつなげる場合はスネークケースを使う	「price_list」のように、単語間にアンダースコアを配置する「スネークケース」の記法を使います。「priceList」(ロワーキャメルケース) は推奨されません。

アルファベットの大文字と小文字は区別されるので要注意です。

●変数の使い回し（再代入の繰り返し）

次のような場合は注意が必要です。

17-09 変数への代入を繰り返す例／実行結果（出力）

・変数への代入を繰り返す例

```
profile = 172
print('身長は', profile)
profile = 69
print('体重は', profile)
```

・実行結果（出力）

```
身長は 172
体重は 69
```

※print()命令は、( )内をカンマで区切って記述する
　ことで複数の要素を連続して出力できます。

身長と体重の変数名を異なるものにしましょう。

Column 演算子の優先順位

　16-03の表（73ページ）にあるとおり、算術演算子（単項プラス／マイナス除く）に
は優先順位があり、次の法則によって計算の順番が決まります。

・式に複数の演算子がある場合は、優先順位の高いものから処理されます。
・式に同じ優先順位の演算子がある場合は、左にある演算子から処理されます。

▼( )を使った場合との比較

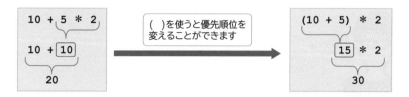

18 変数に対する演算と再代入

数値が格納された変数に対して演算子を使って演算し、その結果を再び変数に代入することができます。

●変数に対して演算し、結果を再代入する

数値が格納された変数に対して何らかの演算を行い、結果を再代入することができます。

18-01 定義済みの変数に値を加算して再代入する

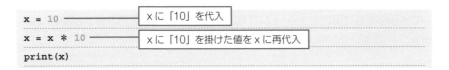

```
x = 10              xに「10」を代入
x = x * 10          xに「10」を掛けた値をxに再代入
print(x)
```

▼出力
```
100
```

18-02 変数xに「x * 10」の結果が再代入される流れ

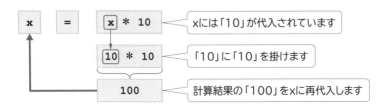

x	=	x * 10	xには「10」が代入されています
		10 * 10	「10」に「10」を掛けます
		100	計算結果の「100」をxに再代入します

●複合代入演算子

数値が格納された変数に対して何らかの演算を行い、結果を再代入する処理に対応した「**複合代入演算子**」があります。

18-03 複合代入演算子

演算子	説明	使用例
+=	右辺の値を加算して再代入	x += 3 (x = x + 3)
-=	右辺の値を減算して再代入	x -= 3 (x = x - 3)
*=	右辺の値を乗算（掛け算）して再代入	x *= 3 (x = x * 3)
/=	右辺の値で除算（割り算）して再代入	x /= 3 (x = x / 3)

複合代入演算子には、「左辺の変数の値に右辺の値を加算（または減算、乗算、除算）して左辺の変数に再代入する」という機能があるので、再代入の計算式が簡潔になります。

18-04 定義済みの変数に複合代入演算子を使って再代入する

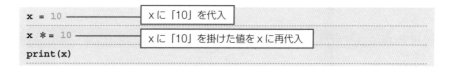

```
x = 10          ── x に「10」を代入
x *= 10         ── x に「10」を掛けた値を x に再代入
print(x)
```

▼出力
```
100
```

19 データ型

これまで、数値を用いた演算や変数への代入について見てきました。プログラミングにおいては、数値として整数の値のほかに小数を含む値、さらには文字列を扱います。

●データ型

Pythonに限らず、多くのプログラミング言語では、「そのデータが何であるか」を示す「データ型」を定めています。

19-01   Pythonの基本的なデータ型

データ型	型の説明	扱う値	例
int	整数型	整数値	1、1000、−50
float	浮動小数点数型	小数を含む値	1.1、500.999、−22.334
str	文字列型	文字列	'Hello'、"こんにちは"
bool	真偽値型	真または偽を表す値	True(真)とFalse(偽)のみ

データ型が定められているのは、「データの内容 (種類) によって処理の内容が異なる」ためです。算術演算子は数値の計算を行うものなので、int型やfloat型に対しては使えますが、文字列のstr型には使えません。文字列を減算したり乗算することは不可能なためです。

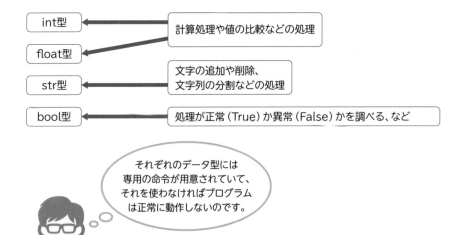

19-02 データ型に対する処理の例

int型 ← 計算処理や値の比較などの処理

float型

str型 ← 文字の追加や削除、文字列の分割などの処理

bool型 ← 処理が正常（True）か異常（False）かを調べる、など

それぞれのデータ型には専用の命令が用意されていて、それを使わなければプログラムは正常に動作しないのです。

●変数にいろいろなデータ型を代入してみる

変数に数値を代入したとき、「変数 = 値」のようにしただけで、特にデータ型に関する記述は行いませんでした。Pythonには「代入される値によってデータ型が決まる」仕組みが取り入れられているため、例えば「x = 100」とすればxは自動的にint型になります。このような仕組みをプログラミング用語で**「動的型付け」**と呼びます。

19-03 変数xにint型、float型、str型、bool型の値を順に代入する

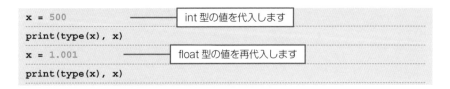

```
x = 500                  ─── int 型の値を代入します
print(type(x), x)
x = 1.001                ─── float 型の値を再代入します
print(type(x), x)
```

```
x = '文字列です'  ──────  str 型の文字列を再代入します
print(type(x), x)
x = True        ──────  bool 型の True を再代入します
print(type(x), x)
x = False       ──────  bool 型の False を再代入します
print(type(x), x)
```

▼出力

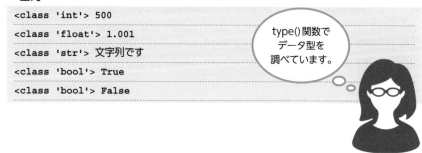

```
<class 'int'> 500
<class 'float'> 1.001
<class 'str'> 文字列です
<class 'bool'> True
<class 'bool'> False
```

type()関数で
データ型を
調べています。

19-04 変数xに異なるデータ型を代入

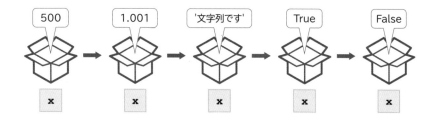

この例にあるとおり、同じ変数に異なるデータ型の値を再代入することは可能です。Pythonの「動的型付け」の仕組みで、代入される値に応じてデータ型が切り替わります。

●文字列を代入するときは' 'または" "で囲む

数値のint型やfloat型、bool型のTrueやFalseを代入するときは、値をそのまま書きますが、唯一、文字列だけは「'」（シングルクォート）または「"」（ダブルクォート）を先頭部と末尾に付けなくてはなりません。

19-05 文字列の代入例

```
str = '文字列です'
```
———— シングルクォートで囲んでいます

```
str = "文字列です"
```
———— ダブルクォートで囲んでいます

先ほど、算術の演算子は数値しか扱えないと述べましたが、唯一、「+」だけは文字列に用いることが可能です。この場合、加算ではなく「文字列を連結する」記号として機能します。

19-06 ＋記号で文字列を連結する

```
str = 'これは' + '文字列です'
```
———— str には'これは文字列です'として格納されます

Memo print()関数とtype()関数

これまで、画面に出力するprint()のことを「命令」と表現していましたが、正確には「関数」です。関数とは、処理を行うコードのまとまりに名前を付けたもので、Pythonには様々な定義済みの関数が登録されています。「関数名()」のように書くと、対応する関数が呼び出され、実行されます。関数名のあとには必ず()を付ける決まりになっていて、必要に応じて関数に渡す値（「**引数**」）を記述します。引数を記述した場合はその値が関数側に送られて（渡されて）、何らかの処理が行われることになります。

以降、本書では関数の説明に表を用いますが、表の項目について説明しておきます。
・「書式」欄には、関数を呼び出すときの記述の仕方を示します。
・「パラメーター」は、引数を受け取るための関数側の仕組みです。「パラメーター」欄には、各パラメーターの名前および受け取る値の内容を示します。

● print()関数

引数として渡されたデータを画面（Notebookの場合はセルの下、ソースファイルの場合はターミナル）に出力します。カンマで区切ることで、複数のデータを引数にできます。

書式	print(data)
パラメーター　data	数値や文字列などのデータ、またはデータが格納されている変数。カンマで区切ることで、複数のデータを引数にできます。この場合、各データの間に半角スペースが入った形で出力されます。

● type()関数

引数に指定した値のデータ型を返します。「返す」とは、呼び出し元に関数の処理結果を渡す（戻す）ことを意味します。print(type(data))とした場合は、print()の()の中が「dataのデータ型が返された状態」になるので、結果としてdataのデータ型が画面に出力されます。

書式	type(data)
パラメーター	data	数値や文字列などのデータ、または変数。

20 データ型を変える（データ型の変換）

「n = '100'」とした場合、文字列（数字の並び）としての'100'が変数nに格納されますが、データ型を変換して数値の「100」にすることができます。

●暗黙の型変換

次のコードを見てみましょう。

20-01 整数値と小数を含む値の足し算

```
result = 5 + 3.2
print(result)
print(type(result))
```

▼出力
```
8.2
<class 'float'>
```

「5」と「3.2」を足し算したので、結果は「8.2」のfloat型になります。

20-02 「result = 5 + 3.2」の計算と代入の流れ

int型とfloat型が混在する式では、「5」➡「5.0」のようにint型がfloat型に変換されてから計算が行われます。このように自動的にデータ型が変換されることを、「**暗黙の型変換**」と呼びます。ただし、「5.0 + 3.0」のように結果が整数値のみになるのが明らかであっても、「5 + 3」への暗黙の型変換は行われません。小数部がたとえ0であっても、int型への変換は情報の欠落になるためです。

●強制的な型変換

Pythonには、暗黙の型変換に頼らずに、強制的にデータ型を変換するための関数が用意されています。

20-03 データ型を変換する関数

関数	書式	説明
int()	int(int型に変換する値)	小数を含む値は、小数点以下が切り捨てられます。文字列からの変換は可能ですが、数値として解釈できない文字列は変換できないのでエラーになります。
float()	float(float型に変換する値)	整数値を変換した場合は小数点が付加されます。文字列からの変換は可能ですが、数値として解釈できない文字列は変換できないのでエラーになります。
str()	str(文字列に変換する値)	str型以外のすべてのデータ型の変換が可能です。
bool()	bool(変換する値)	以下はすべてFalseに変換され、それ以外はTrueに変換されます： ・予約語のNone、False ・整数値の0、小数の0.0 ・空の文字列（''、""） ・空のコレクション（[ ]など）

20-04 小数を含む値をint型、str型に変換する

```
num = 3.14
print(int(num))     ── int 型に変換します
print(str(num))     ── str 型に変換します
```

▼出力

```
3
3.14
```

20-05 強制的な型変換

3.14	int()	3
float型		int型

「3.14」の小数点以下が切り捨てられ、整数値の「3」になりました。

3.14	str()	'3.14'
float型		str型

「3.14」は文字列になりました。

20-06 int型をfloat型に変換する

```
value = 3
print(float(value))
```

▼出力

```
3.0
```

20-07 強制的な型変換

3	float()	3.0
int型		float型

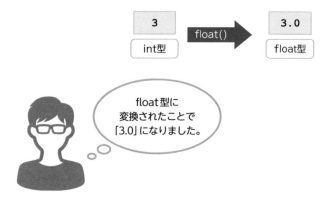

float型に変換されたことで「3.0」になりました。

03

コレクション

　Pythonには様々な種類のコレクション (データのまとま
り) があります。これらは、複数の値をひとまとめにして管
理したり、処理したりするために使います。
　「リスト」のデータには順序があり、「タプル」はデータの
変更が不可、「セット」はデータの重複がない、「ディクショ
ナリ」はキーと値を結び付ける、といった特性があります。
どのコレクションを使うかは、プログラムの目的によりま
す。コレクションを使うことで、データを整理し、処理する
ことが容易になります。

Pythonには、複数のデータをひとまとめにして扱うための仕組みとして、「**コレクション**」が組み込まれています。ここでは、コレクションの中で最も基本となる「**リスト**」について見ていきます。

●リスト

リストは、複数の値をまとめて管理するための仕組み (データ構造) です。これまで出てきた変数には値を格納する入れ物が1つだけ用意されているのに対し、リストには値を格納する入れ物が必要な数だけ用意されます。

リスト型 (list型) の変数名には、整数型などの変数名と同様に任意の名前を付けることができます。代入する値のことをリストの「**要素**」と呼び、ブラケット記号 [ ] を使ってカンマ区切りで記述し、代入演算子「=」で代入します。

21-01 【構文】リストの定義

```
リスト型変数名 = [値1, 値2, 値3, ...]
```

要素の先頭から0で始まる番号 (**インデックス**) が割り振られるので、インデックスを指定して要素にアクセスする (値を参照する) ことができます。

要素にする値の
データ型に制限はなく、
異なるデータ型を
混在させることも可能です。

21-02 【構文】リスト要素の参照

リスト型変数名 [インデックス]

21-03 int型の要素を3個格納したリストを定義する

```
list = [10, 20, 30]
print(list[0])
print(list[1])
print(list[2])
print(list[-1])
```

int 型の要素を 3 個格納する

1 番目の要素を出力

2 番目の要素を出力

3 番目の要素を出力

マイナスを付けると逆順で要素を指定できる

▼出力

```
10
20
30
30
```

list[-1] で末尾の要素が参照されます

21-04 リストに要素が格納されるイメージ

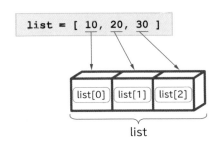

```
list = [ 10, 20, 30 ]
```

list[0] list[1] list[2]

list

この例では、
リストの要素数は3で、
インデックスの0、1、2が
割り当てられます。

●定義済みのリストに要素を追加する

定義済みのリストに要素を追加するには、**append()メソッド**を使います。関数は単独で実行しますが、特定のデータ構造に対して「データ構造.メソッド名()」のように実行するものを「**メソッド**」と呼びます。メソッド名の前に付く「.」は参照演算子と呼ばれ、「メソッドを実行する対象」を特定する機能があります。

● append() メソッド

リストの末尾に要素を追加します。

書式	リスト.append(data)	
パラメーター	data	数値や文字列などのデータ、またはデータが格納されている変数。

21-05 リスト要素の末尾に新規要素を追加する

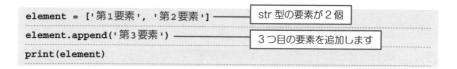

```
element = ['第1要素', '第2要素']       str 型の要素が 2 個
element.append('第3要素')             3つ目の要素を追加します
print(element)
```

▼ 出力

['第1要素', '第2要素', '第3要素']   追加された要素

21-06 element.append('第3要素') の処理

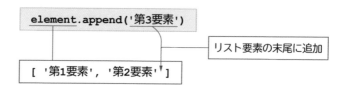

element.append('第3要素')

リスト要素の末尾に追加

['第1要素', '第2要素']

```
element = []
print(element)
element.append('要素')
print(element)
```

要素がない空のリストを定義

空のリストに要素を追加

▼出力
```
[]
['要素']
```

●要素を削除する

pop()メソッドで、リストから特定の要素を削除することができます。

●pop()メソッド

インデックスで指定した要素をリストから取り除きます。

書式	リスト.pop(index)
パラメーター	index 要素の位置を示す、0から始まる整数値。省略した場合はリストの末尾の要素が削除されます。

21-08 位置を指定して要素を削除する

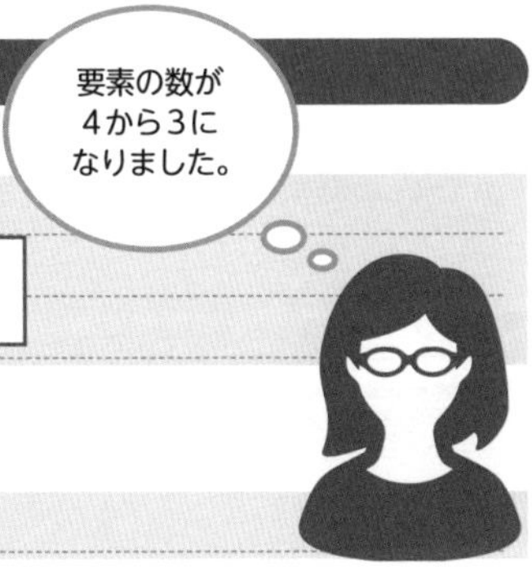

要素の数が
4から3に
なりました。

```
number = [10, 20, 30, 40]
number.pop(2)
print(number)
```

インデックスが2の要素
（3番目の要素）を削除

▼出力
```
[10, 20, 40]
```

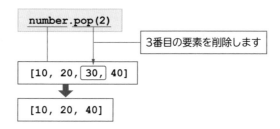

●リストから特定の値を削除する

リストから特定の値の要素を削除するには、**remove()メソッド**を使います。

●remove()メソッド

指定した値に合致する要素をリストから取り除きます。

書式	リスト.remove(del)	
パラメーター	del	リストから削除する値。

21-10　指定した値をリストから削除する

```
month = ['Jan.', '1月', 'Feb.', 'Mar.']
month.remove('1月')                          リストから'1月'を削除
print(month)
```

▼出力

```
['Jan.', 'Feb.', 'Mar.']
```

●リスト要素の変更

リストの要素を変更するには、別の値を再代入します。

21-11 【構文】リストの要素を変更

リスト [インデックス] = 変更後の値

21-12 リストの2番目の要素を変更する

```
month = ['Jan.', '2月', 'Mar.']
month[1] = 'Feb.'————————————————  2番目の要素を 'Feb.' に変更
print(month)
```

▼出力

```
['Jan.', 'Feb.', 'Mar.']
```

21-13 「month[1] = 'Feb.'」の処理

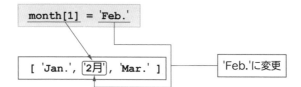

●リストを結合して新しいリストを作る

＋演算子を使って、リスト同士を結合して新しいリストを作ることができます。

21-14 【構文】リスト同士を結合して新しいリストを作る

```
リスト名 = 結合するリスト1 + 結合するリスト2
```

21-15 リストを結合して新しいリストを作る

```
list_1 = [10, 11, 12]
list_2 = [13, 14, 15]
newlist = list_1 + list_2 ——— list_1 と list_2 を結合して newlist に代入
print(newlist)
```

▼出力

```
[10, 11, 12, 13, 14, 15]
```

21-16 newlist = list_1 + list_2の処理

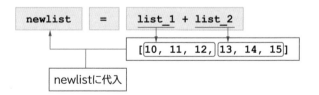

●定義済みのリストに結合する

extend()メソッドを使うと、定義済みのリストに別のリストを結合できます。

● extend () メソッド

実行元のリストに別のリストを結合します。

書式	リスト.extend (list)	
パラメーター	list	結合するリストを指定します。

21-17 定義済みのリストに別のリストを結合する

```
list_1 = [10, 11, 12]
list_2 = [13, 14, 15]
list_1.extend(list_2)    ───  list_1 に list_2 を結合します
print(list_1)
```

▼ 出力

```
[10, 11, 12, 13, 14, 15]
```

21-18 list_1.extend(list_2) の処理

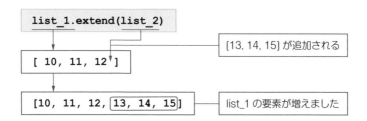

●リスト要素を切り出す

インデックスを2つ指定することで、特定の範囲の要素を取り出すことができます。これを**スライス**と呼びます。

21-19 **【構文】リスト要素のスライス**

リスト[開始インデックス : 終了インデックス : ステップ数]

・「開始インデックス」の要素から「終了インデックス」の直前の要素までがスライスされ、リストとして返されます。
・「ステップ数」を省略した場合は1が指定されたものと見なされ、スライス範囲の要素が連続して取り出されます。

21-20 **リスト要素をスライスする**

```
list = ['月', '火', '水', '木', '金', '土', '日']
print(list[2:5])　　　3番目の要素から5番目の要素までをスライス
print(list[2:])　　　　3番目の要素以降をスライス
print(list[:2])　　　　先頭の要素から2番目の要素までをスライス
print(list[::2])　　　　先頭の要素から2ステップずつスライス
```

▼出力
```
['水', '木', '金']
['水', '木', '金', '土', '日']
['月', '火']
['月', '水', '金', '日']
```

21-21 list[:2]、list[2:5]、list[2:] の処理

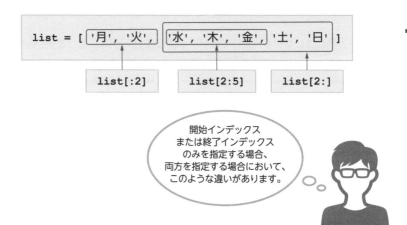

開始インデックス
または終了インデックス
のみを指定する場合、
両方を指定する場合において、
このような違いがあります。

21-22 list[::2] の処理

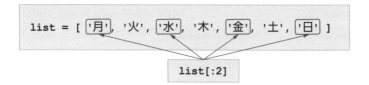

ステップ数のみを
2に指定した場合は、
先頭要素から1つおきに
要素が取り出されます。

22 → タプル

リストと同じコレクションとしてのデータ構造に「**タプル**」があります。任意のデータ型の値を要素として管理できますが、一度セットした値を変更することはできません。

●タプル

タプルがリストと唯一異なるのは、「要素の追加、変更、削除ができない」ことです。プログラムにおいて定義済みの要素を書き換え禁止にしたい場合は、リストではなくタプルを使用します。

22-01 【構文】タプルの定義

```
タプル型変数名 = (値1, 値2, 値3, ...)
```

最後の要素のカンマはあってもなくてもかまいませんが、要素が1つだけのときはカンマを付けないとタプルとは見なされないので注意してください。要素の参照はリストと同様、[ ]内にインデックスを指定して行います。

22-02 【構文】タプル要素の参照

```
タプル型変数名[インデックス]
```

22-03 タプルの定義と要素の参照

```
day = ('Mon.', 'Tues.', 'Wed.')    ── str型の要素を3個格納するタプルを定義
print(day)                          ── すべての要素を参照する
print(day[0])                       ── 先頭の要素を参照する
print(day[1])                       ── 2番目の要素を参照する
print(day[1:3])                     ── 2番目から3番目の要素をスライスで参照する
```

▼出力

```
('Mon.', 'Tues.', 'Wed.')────── タプルを参照した場合は、すべての要素を
                                格納したタプルが返されます
Mon.

Tues.

('Tues.', 'Wed.')────────────── スライスした場合は、要素を格納したタプ
                                ルが返されます
```

　定義済みのタプルに要素を直接追加することはできませんが、＋演算子を使用して定義済みタプルに別のタプルを結合することは可能です。この場合は結合した新規のタプルが作成されます。

22-04　タプルに要素を追加する

```
day = ('Mon.', 'Tues.', 'Wed.')
newday = day + ('Fri.',)────── タプル day に要素数が1の
                               タプルを結合します
print(newday)
```

▼出力

```
('Mon.', 'Tues.', 'Wed.', 'Fri.')
```

　次に示すのは、定義済みのタプルの要素を書き換えようとしてエラーになった例です。

22-05　定義済みタプル day の要素を書き換えようとするとエラーになる

```
day[0] = 'Monday'────── 1つ目の要素を書き換えようとしています
```

▼出力されたエラーメッセージの一部

```
TypeError: 'tuple' object does not support item assignment
```

23 セット

セットは、要素の順序がなく、重複する要素を持たない特殊なコレクションです。

●セット (集合)

セットは別名で「**集合**」とも呼ばれ、次のような特徴があります。

・要素に順序という概念がありません。したがって、インデックスを用いた個々の要素へのアクセスはできません。
・要素が重複することは許されません。したがって、同じ値の要素を格納することはできません。
・要素を追加することはできますが、順序の概念がないことから、既存の要素を書き換えることはできません。

23-01 【構文】セットの定義

```
セット型変数名 = {値1, 値2, 値3, ...}
```

23-02 セットを定義する

```
month = {'1月', '2月', '3月'}
print(month)
```

23-03 出力

```
{'2月', '1月', '3月'}
```

要素には順序が
ないので、定義したときの
順序とは異なる並びで
出力されています。

次のように、重複する値を要素にしようとしても重複する値は無視されます。

23-04 同じ値を格納しようとしても無視される

```
month = {'1月', '2月', '3月', '3月'} ───── '3月'と'3月'が重複しています
print(month)
```

▼出力
```
{'2月', '1月', '3月'}
```
───── 重複する値は無視されたので、
要素の数は3になっています

●セットを利用してリストから重複要素を取り除く

set()関数を用いてリストやタプルをセットに変換すると、重複した要素を取り除くことができます。

●set()関数
引数に指定したリストやタプルから新規のセットを作成し、戻り値として返します。

書式	set(iterable)	
パラメーター	iterable	イテレート (反復処理) 可能なデータを指定します。リストやタプルが指定可能です。

23-05 重複する要素を持つリストからセットを作成する

```
day = ['月曜', '火曜', '火曜', '水曜', '水曜']
newday = set(day) ───── 'リストから新しい      '火曜'と'水曜'が2つずつ存在
                          セットを作成します
print(newday)
```

▼出力
```
{'火曜', '水曜', '月曜'}
```

●重複していない要素を取得する

　−演算子でセット同士の引き算をすると、引かれるほう（−演算子の左側）のセットにおいて、引くほう（−演算子の右側）と重複していない要素のセットを取得することができます。

23-06 −演算子で、重複していない要素のみを取り出す

```
day1 = {'月曜', '火曜', '水曜'}
day2 = {'水曜', '木曜', '金曜'}
newday = day1 - day2 ────── day1 から、day2 と重複していない
                             要素を取り出します
print(newday)
```

▼出力

```
{'火曜', '月曜'}
```

23-07 「newday = day1 − day2」の処理

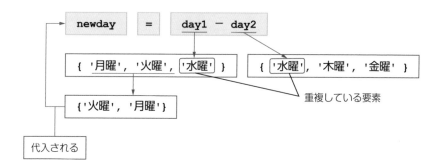

●重複している要素を取得する

&演算子を使うと、重複している要素のセットを取得することができます。「−」演算子とは逆の処理になります。

23-08 &演算子で、重複している要素のみを取り出す

```
day1 = {'月曜', '火曜', '水曜'}
day2 = {'水曜', '木曜', '金曜'}
newday = day1 & day2
print(newday)
```

day1 から、day2 と重複している
要素を取り出します

▼出力

```
{'水曜'}
```

23-09 「newday = day1 & day2」の処理

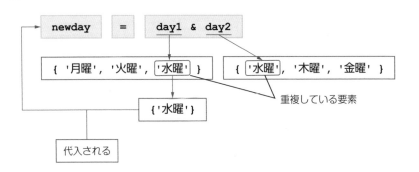

●複数のセットから、値の重複を取り除いたセットを作成する

union()メソッドを使うと、複数のセットの要素を1つのセットにまとめることができます。この場合、重複する要素は破棄されます。実行元はセット型の変数であることが必要ですが、引数にはセットやリスト、タプルを指定することができます。

●union()メソッド

実行元のセットと、引数に指定したセット (またはリスト、タプル) から、要素の重複のないセットを作成します。

書式	セット型変数名.union(iterable)	
パラメーター	iterable	イテレート (反復処理) 可能なデータを指定します。セットやリスト、タプルを複数指定できます。

23-10 3つのセットを、要素の重複なしで1つのセットにまとめる

```
day1 = {'月曜', '火曜', '水曜'}
day2 = {'月曜', '木曜', '金曜'}
day3 = {'月曜', '土曜', '日曜'}
newday = day1.union(day2, day3)
print(newday)
```

day1、day2、day3で
'月曜' が重複しています

▼出力
```
{'水曜', '金曜', '木曜', '火曜', '日曜', '土曜', '月曜'}
```

3つのセットを、要素の
重複なしで1つのセットに
まとめることが
できました。

●すべてのセットで重複している要素のセットを作成する

intersection()メソッドを使うと、複数のセットの間で重複している要素を取り出すことができます。取り出された要素は1つのセットにまとめられます。実行元はセット型の変数であることが必要ですが、引数にはセットやリスト、タプルを指定することができます。

●intersection()メソッド

実行元のセットと、引数に指定したすべてのセット (またはリスト、タプル) で重複している要素を1つのセットにまとめます。

書式	セット型変数名.intersection(iterable)	
パラメーター	iterable	イテレート (反復処理) 可能なデータを指定します。セットやリスト、タプルを複数指定できます。

23-11 3つのセットで重複している要素を1つのセットにまとめる

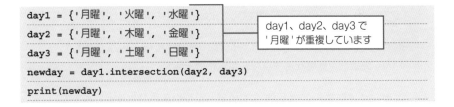

```
day1 = {'月曜', '火曜', '水曜'}
day2 = {'月曜', '木曜', '金曜'}
day3 = {'月曜', '土曜', '日曜'}
newday = day1.intersection(day2, day3)
print(newday)
```

day1、day2、day3で'月曜'が重複しています

▼出力

```
{'月曜'}
```

3つのセットで
重複している要素を、
1つのセットに
まとめることができました。

24 ディクショナリ

リストやタプルが「要素の並び順が決まっていて、インデックスを使って参照する」のに対し、「**ディクショナリ**」は、要素ごとに付けた名前 (キー) を使って参照します。

●ディクショナリ (辞書)

ディクショナリは日本語で辞書とも呼ばれ、「キー : 値」のペアを { } の中に列挙することで定義します。

24-01 【構文】ディクショナリの定義

```
ディクショナリ型の変数名 = { キー1 : 値1, キー2 : 値2, ... }
```

ディクショナリのキーのデータ型については、次のルールがあります。

・キーには、文字列 (str)、数値型 (int や float) の値を用いることができます。
・キーには、要素ごとに異なるデータ型を指定できます。

　一方、キーに対応する値には、すべてのデータ型のデータを設定できます。リストやタプルを値にすることも可能です。

24-02 ディクショナリの定義

```
menu = {'朝食' : 'シリアル',
        '昼食' : '牛丼',
        '夕食' : 'トマトのパスタ' }
print(menu)
```

> 1行で記述するのが難しい場合は、要素ごとにカンマのところで改行します

▼出力

{'朝食': 'シリアル', '昼食': '牛丼', '夕食': 'トマトのパスタ'}

24-03 リストとディクショナリにおける構造の違い

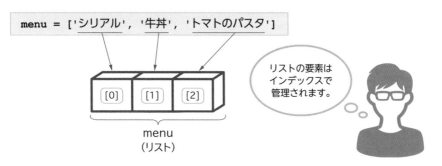

menu
（リスト）

リストの要素は
インデックスで
管理されます。

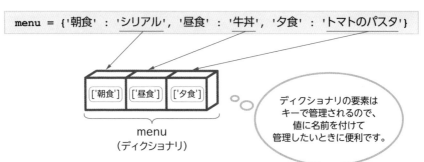

menu
（ディクショナリ）

ディクショナリの要素は
キーで管理されるので、
値に名前を付けて
管理したいときに便利です。

●ディクショナリ要素の参照

　ディクショナリの要素（値）を参照するには、ブラケット[ ]を用いてキーを指定します。

24-04 【構文】ディクショナリ要素の参照

ディクショナリ型変数名 [キー]

24-05 ディクショナリを定義して要素を参照する

```
menu = {'朝食' : 'シリアル',
        '昼食' : '牛丼',
        '夕食' : 'トマトのパスタ' }
print(menu['朝食'])
print(menu['昼食'])
print(menu['夕食'])
```

キーを指定して、それぞれの
値を参照します

▼出力

```
シリアル
牛丼
トマトのパスタ
```

キー'朝食'の値

キー'昼食'の値

キー'夕食'の値

●ディクショナリ要素の追加

定義済みのディクショナリに、次のように記述して要素を追加することができます。

24-06 【構文】ディクショナリに要素を追加する

ディクショナリ型変数名 [キー] = 値

24-07 定義済みのディクショナリに新しい要素を追加

```
menu['おやつ'] = 'マカロン'
print(menu)
```

▼出力

```
{'朝食' : 'シリアル', '昼食' : '牛丼', '夕食' : 'トマトのパスタ', 'おやつ' : 'マカロン'}
```

●ディクショナリ要素の値を変更

キーを指定して代入を行うと、キーに対応する値を変更できます。

24-08　【構文】ディクショナリの特定のキーの値を変更する

```
ディクショナリ型変数名 [登録済みのキー] = 値
```

24-09　登録済みのキーを指定して値を変更する

```
menu['おやつ'] = 'たこ焼き'
print(menu)
```

▼出力

```
{'朝食': 'シリアル', '昼食': '牛丼', '夕食': 'トマトのパスタ', 'おやつ': 'たこ焼き'}
```

●ディクショナリ要素の削除

Pythonの予約語「del」を使って、ディクショナリの要素を削除できます。

24-10　【構文】ディクショナリの要素を削除

```
del ディクショナリ型変数名 [削除する要素のキー]
```

24-11　定義済みのディクショナリの要素を削除する

```
del menu['おやつ']
print(menu)
```

▼出力
```
{'朝食': 'シリアル', '昼食': '牛丼', '夕食': 'トマトのパスタ'}
```

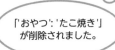

「'おやつ': 'たこ焼き'」
が削除されました。

●定義済みのディクショナリから要素の値だけを取得する

values()メソッドを使うと、定義済みのディクショナリから値だけを取得すること
ができます。

●values()メソッド

実行元のディクショナリから値のみを抽出し、リストに格納して返します。

書式	ディクショナリ型変数名.values()

24-12 定義済みのディクショナリから値だけを取り出す

```
items = menu.values()
print(items)
```

▼出力
```
dict_values(['シリアル', '牛丼', 'トマトのパスタ'])
```

実行例のように、
「メニューの中身だけを
取り出したい」といった
用途で使うことができます。

コレクションのネスト①
(リスト、タプルの場合)

「**ネスト**」とは、「あるデータ構造の中に、別のデータ構造が含まれている」状態を指すプログラミング用語です。Pythonのリスト、タプル、ディクショナリは、それぞれコレクションを要素にした二重構造にすることができます。

●リスト、タプルのネスト

リスト、タプルは、次のように記述して二重構造にすることができます。

25-01 【構文】リストのネスト

リスト型変数名 ＝ [[要素 , 要素 , ...], [要素 , 要素 , ...], ...]

25-02 【構文】タプルのネスト

タプル型変数名 ＝ ((要素 , 要素 , ...), (要素 , 要素 , ...), ...)

ネストした要素を参照するには、リスト、タプルともに次のように記述します。

25-03 【構文】ネストしたリストまたはタプルの参照

リストまたはタプル型変数名 [インデックス]

ネストしたリストまたはタプルの個々の要素を参照するには、次のように [ ] を2つつなげてインデックスを指定します。

【構文】ネストしたリストまたはタプルの要素の参照

リストまたはタプル型変数名 [インデックス] [ネストした要素のインデックス]

●リストの要素をリストにする

リストの要素としてリストをネストして、二重構造のリストを定義してみます。

25-05 リストにリストをネストして二重構造のリストを定義する

```
breakfast = ['シリアル', 'トースト', 'お茶漬け']
lunch = ['サンドウィッチ', 'うどん', '蕎麦']
dinner = ['お寿司', '焼き肉定食', '中華定食']
menu = [breakfast, lunch, dinner]
print(menu)
```

> リスト型変数を要素にして二重構造のリストを定義します

▼出力　　　　　　　　　　　　　　　　　※見やすくするため、要素ごとに改行しています

```
[['シリアル', 'トースト', 'お茶漬け'],
 ['サンドウィッチ', 'うどん', '蕎麦'],
 ['お寿司', '焼き肉定食', '中華定食']]
```

25-06 定義済みの二重構造のリスト要素の参照

```
print(menu[0])
print(menu[0][0])
print(menu[0][1])
print(menu[0][2])
```

> 1番目の要素（リスト）を参照します

> 1番目の要素（リスト）の各要素を参照します

▼出力

['シリアル', 'トースト', 'お茶漬け'] ——— menu[0]

シリアル ——— menu[0] [0]

トースト ——— menu[0] [1]

お茶漬け ——— menu[0] [2]

(25-07) 二重構造のリスト

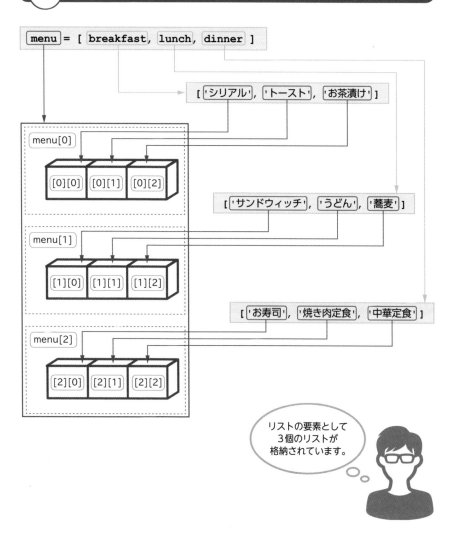

menu = [breakfast, lunch, dinner]

['シリアル', 'トースト', 'お茶漬け']

menu[0]

[0][0] [0][1] [0][2]

['サンドウィッチ', 'うどん', '蕎麦']

menu[1]

[1][0] [1][1] [1][2]

['お寿司', '焼き肉定食', '中華定食']

menu[2]

[2][0] [2][1] [2][2]

リストの要素として
3個のリストが
格納されています。

コレクションのネスト②（ディクショナリの場合）

ディクショナリは、ディクショナリを要素としてネストできるほか、リストやタプルを要素としてネストすることも可能です。

●ディクショナリのネスト

ディクショナリの要素としてディクショナリをネストするには、次のように記述します。

26-01 【構文】ディクショナリのネスト

```
ディクショナリ型変数名 = { キー : { キー : 値, キー : 値, ...},
                          キー : { キー : 値, キー : 値, ...}, ... }
```

ネストしたディクショナリを参照するには、次のように記述します。

26-02 【構文】ネストしたディクショナリの参照

```
ディクショナリ型変数名 [ キー]
```

ネストしたディクショナリの要素の値を参照するには、次のように[ ]を2つつなげてキーを指定します。

26-03 【構文】ネストしたディクショナリの要素の参照

```
ディクショナリ型変数名 [ キー] [ ネストしたディクショナリのキー]
```

●キーの値をディクショナリにする

二重構造のコレクションにおいて、リストやタプルのように要素の並び順で管理するのではなく、文字列などをキーにして管理したい場合は、ディクショナリのネストを使います。

コ
レ
ク
シ
ョ
ン

26-04 ディクショナリをネストしたディクショナリを定義

```
bf = {'a':'シリアル', 'b':'トースト', 'c':'お茶漬け'}
ln = {'a':'サンドウィッチ', 'b':'うどん', 'c':'蕎麦'}
dn = {'a':'お寿司', 'b':'焼き肉定食', 'c':'中華定食'}
menu = {'朝食':bf, '昼食':ln, '夕食':dn}
print(menu)
```

要素にするディクショナリを定義します

ディクショナリをネストします

▼出力　　　　　　　　　　　　　　　　　※見やすくするため、要素ごとに改行しています

```
{'朝食': {'a': 'シリアル', 'b': 'トースト', 'c': 'お茶漬け'},
 '昼食': {'a': 'サンドウィッチ', 'b': 'うどん', 'c': '蕎麦'},
 '夕食': {'a': 'お寿司', 'b': '焼き肉定食', 'c': '中華定食'}}
```

26-05 定義済みの二重構造のディクショナリ要素の参照

```
print(menu['朝食'])
print(menu['朝食']['a'])
print(menu['朝食']['b'])
print(menu['朝食']['c'])
```

'朝食'の値（ディクショナリ）を参照します

'朝食'の値（ディクショナリ）の各要素を参照します

▼出力

```
{'a': 'シリアル', 'b': 'トースト', 'c': 'お茶漬け'}
シリアル
トースト
お茶漬け
```

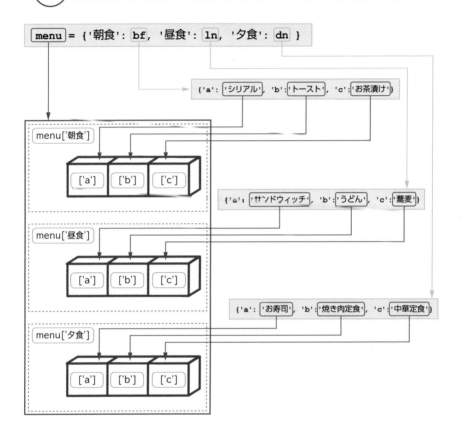

menu = {'朝食': bf, '昼食': ln, '夕食': dn }

{'a': シリアル, 'b': トースト, 'c': お茶漬け}

menu['朝食']
['a'] ['b'] ['c']

{'a': サンドウィッチ, 'b': うどん, 'c': 蕎麦}

menu['昼食']
['a'] ['b'] ['c']

{'a': お寿司, 'b': 焼き肉定食, 'c': 中華定食}

menu['夕食']
['a'] ['b'] ['c']

ネストされた
ディクショナリを含めて、
すべての要素の値が
キーで管理されています。

制御構造

　Pythonの制御構造は、プログラムの実行フロー（実行の流れ）を管理するための仕組みであり、複雑なプログラムの制御が可能です。

・条件分岐（if文）：
　if文は、条件によってプログラムの実行フローを変更します。
・繰り返し（for文、while文）：
　for文は、リストや範囲などの要素を順に取り出して処理します。while文は、条件が真の間、繰り返し処理を行います。
・繰り返しの中断（break文）：
　break文は、繰り返しを中断して、その後ろの処理に進みます。

27 条件分岐（if文）

プログラムは、ソースコードが書かれた順番で、上から下に向かって1行ずつ実行されますが、「コードが実行される流れを変える」というのが「**制御構造**」の目的です。制御構造には大きく分けて「**条件分岐**」と「**ループ（繰り返し）**」があります。このうち条件分岐にはif文を使います。

●if文

条件分岐の**if文**は、ある条件が成り立つ場合にのみ、処理を行います。

27-01 【構文】if文

```
if 条件式:
    条件式が成立〈True〉したときの処理 ...
```

27-02 if文をフローチャートで表す

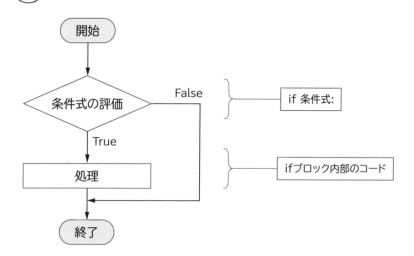

「条件式の評価」の部分はif文の条件式を表します。条件式は、成立した場合に「True」を発生させ、成立しない場合に「False」を発生させます（一般的に「返す」といいます）。「処理」の部分は、if文のブロック内部に書かれたコードが実行されることを示しています。

● **用語解説**

• **文（ステートメント）**

プログラムにおける「文」とは、1行に書かれたコードのことです。1行で記述できない場合は区切りになるところで改行することがありますが、この場合はコードの終わりまでが文になります。

• **ブロック**

プログラムにおいて1つのまとまりとして実行されるコードのことを「ブロック」と呼びます。if文のブロックは、「if 条件式:」の次行にインデントを入れて記述します。同じレベルのインデントを入れることで、複数のコード（ステートメント）が1つのブロックとして扱われます。

• **インデント**

Pythonでは、ブロック内のコードを記述するときに、必ず字下げ（インデント）する決まりになっています。インデントの幅は、基本的に半角スペース4個分です。

27-03 文（ステートメント）、ブロック、インデント

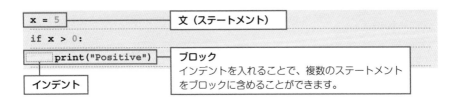

●条件式

if文の条件式を作るには、2つの値を比較する「**比較演算子**」を使います。比較演算子は、成立した場合に「True」を返し、成立しない場合に「False」を返します。

27-04 比較演算子

演算子	説明
==	左辺と右辺は等しい
!=	左辺と右辺は等しくない
<	左辺は右辺より小さい
>	左辺は右辺より大きい
<=	左辺は右辺以下
>=	左辺は右辺以上

等しいことを表す「==」はイコールが2つ並んだ形なので注意してください。

27-05 比較演算子の使用例

例	説明	成立する（Trueとなる）条件
num == 100	変数numは100と等しい	numの値が100ならTrue
value == 'Python'	変数valueは'Python'である	valueの値が'Python'ならTrue
num != 0	変数numは0と等しくない	numの値が0でなければTrue
value != 'Python'	変数valueは'Python'ではない	valueの値が'Python'でなければTrue
num < 100	変数numは100より小さい	numの値が100より小さければTrue
num > 100	変数numは100より大きい	numの値が100より大きければTrue
num <= 100	変数numは100以下である	numの値が100以下であればTrue
num >= 100	変数numは100以上である	numの値が100以上であればTrue

実際に比較演算子がbool型 (True、False) を返すことを確認してみます。

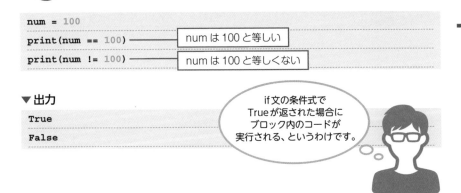

27-06 比較演算子の結果を確認する

```
num = 100
print(num == 100) ──── num は 100 と等しい
print(num != 100) ──── num は 100 と等しくない
```

▼出力

```
True
False
```

> if文の条件式で
> Trueが返された場合に
> ブロック内のコードが
> 実行される、というわけです。

　input()関数を使って入力値を受け取り、if文で処理するプログラムを作ってみます。

● input()関数

　キーボードからの入力を取得し、これを文字列 (str型) として返します。入力元は基本的にターミナルですが、VSCodeのNotebookの場合は入力専用のパネルが使用されます。

書式	input(prompt)	
パラメーター	prompt	入力待ちの状態において表示する文字列を指定します (省略可)。

● random.randint()関数

Pythonの標準ライブラリのrandom**モジュール**[*]に収録されている関数で、指定した範囲から1つの整数を生成し、戻り値として返します。

書式	random.randint(a, b)	
パラメーター	a, b	a以上、b以下の整数をランダムに生成します。

27-07 数当てゲーム

```python
import random # randomモジュールのインポート

# 1から10までのランダムな数を生成
number = random.randint(1, 10)
# キーボードからの入力値 (str型) を取得してint型に変更
predict = int(input('1から10までの数を予想してください：'))
# 正解かどうかを判定して結果を表示
if predict == number:
    print(f'正解！生成された数は{number}で、予想した数も{predict}でした。')
```

▼ セルのコードを実行すると画面上部に入力用のパネルが開く

```
3
```
1から10までの数を予想してください: ('Enter' を押して確認するか 'Escape' を押して取り消します)

▼ 入力した値が正解の場合に表示されるメッセージ

正解！生成された数は 3 で、予想した数も 3 でした。———

不正解の場合は何も
表示されません

---

[*]**モジュール**：Python形式 (拡張子「.py」) のソースファイルのこと。

Point import文

標準ライブラリに収録されていて、事前に組み込まれていない関数を使用する場合は、「import文」を記述してライブラリ（またはモジュール）の読み込みを事前に行うようにします。

▼【構文】import文

```
import ライブラリ名またはモジュール名
```

Column f文字列（フォーマット文字列）

f文字列（f-string）とは、フォーマット文字列を実現する仕組みのことです。文字列の直前に「f」または「F」を付け、変数名を{ }の中に書くことで、文字列の中に変数の値を埋め込んで出力することができます。

▼「+」演算子を使った場合

```
name = 'Python'
print('僕の名前は' + name + 'です')
```

▼f文字列を使った場合

```
print(f'僕の名前は{name}です')
```

どちらの場合も「僕の名前はPythonです」と表示されます。上記の例では文字列を出力しましたが、変数にint型やfloat型の値が格納されている場合は、格納されている数値がそのまま出力されます。また、{ }の中には式を書くこともできます。

▼文字列と数値を出力する例

```
radius = 5
print(f'半径{radius}の円の面積は{radius * radius * 3.14}です')
```

式を記述しています

▼実行結果

半径5の円の面積は78.5です

28 条件分岐(if〜else文)

if文では「条件式が成立 (True) した場合」のみ、ブロック内の処理を行いました。これに「条件が成立しない場合」の処理を加えたのが「**if〜else文**」です。

●if〜else文

条件分岐のif〜else文は、条件が成立した場合とそれ以外 (成立しない) の場合で、それぞれ異なる処理を行います。

28-01 【構文】if〜else文

```
if 条件式:
    条件式が成立〈True〉したときの処理 ...
else:
    条件式が成立しない〈False〉ときの処理 ...
```

28-02 if〜else文をフローチャートで表す

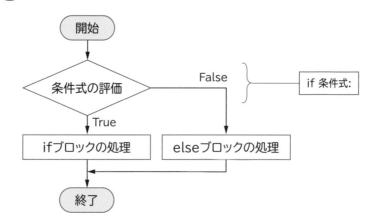

●数当てゲーム (if～else 対応版)

　if 文を用いて作成した数当てゲームは、正解した場合にしかメッセージが表示され
ませんでした。if～else 文に改造して、予測が外れた場合もメッセージを表示するよ
うにしてみましょう。

28-03　if～else 文を導入した数当てゲーム

```python
import random

# 1から10までのランダムな数を生成
number = random.randint(1, 10)
# キーボードからの入力値を取得
predict = int(input('1から10までの数を当ててください：'))
# 正解かどうかを判定して結果を表示
if predict == number:
    print(f'正解！生成された数は{number}でした。')          ← if ブロック
else:
    print(f'残念！{predict}ではなく、{number}でした。')      ← else ブロック
```

▼実行結果

```
1から10までの数を当ててください：2      ← 1～10の任意の数を入力します
残念！2ではなく、4でした。
```

Point　input() 関数の戻り値

　input() 関数の戻り値は文字列（str 型）です。このため、数値として利用するために
は、int() 関数で整数型（int 型）に変換することが必要です。

29 条件分岐（if〜elif〜else文）

if文もif〜else文も、1つの条件に対する処理ですが、複数の条件を設定して分岐の数を増やしたいことがあります。「もしAならば〜、そうではなくBならば〜」というイメージです。

●if〜elif〜else文

複数の条件を設定して多方面へ分岐させるには、if文に続けて**elif文**を記述します。elif文は必要な数だけ記述できます。また、すべての条件式がFalseだったときに何もしなくてよければ、最後のelse文は省略可能です。

29-01 【構文】if〜elif〜else文

```
if 条件式1:
    条件式1が成立〈True〉したときの処理...
elif 条件式2:
    条件式1が成立せず、条件式2が成立〈True〉したときの処理...
        ⋮
elif 条件式n:
    直前までの条件式がすべて成立せず、条件式nが成立〈True〉したときの処理...
else:
    すべての条件式が成立しなかったときの処理...
```

if文➡elif文1➡elif文2、
...の順で条件式が評価され、
どれも成立しなければ最後の
elseブロックが実行される
仕組みです。

29-02 if〜elif〜else文（elif文の数は2）をフローチャートで表す

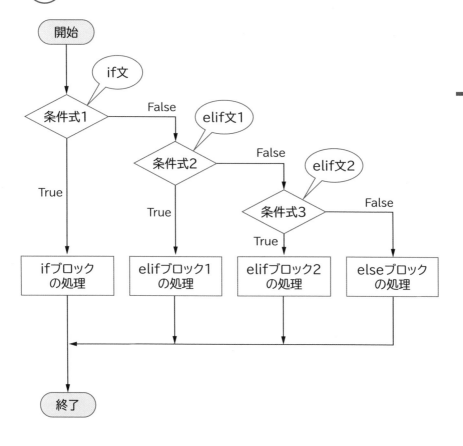

●4つの条件式を設定したプログラム

if～elif～else文を使って、4つの条件式を設定したプログラムを作成してみます。

29-03 好きな季節を尋ねてメッセージを返すプログラム

```
# 好きな季節を取得
season = input('好きな季節を入力してください (春、夏、秋、冬)：')
# 入力された季節に対するコメントを表示
if season == '春':          ── if 条件式
    print('花が咲いて気持ちのいい季節ですね！')
elif season == '夏':        ── elif 条件式
    print('海や山へと楽しい季節ですね！')
elif season == '秋':        ── elif 条件式
    print('紅葉が美しかったり、楽しい季節ですね。')
elif season == '冬':        ── elif 条件式
    print('寒いけどクリスマスやお正月、楽しみですね！')
else:                       ── else 文
    print('その季節はよくわかりませんが、楽しい季節であればいいですね！')
```

▼ 実行結果の例

好きな季節を入力してください (春、夏、秋、冬)：春 ── '春'、'夏'、'秋'、'冬' のどれかを入力
花が咲いて気持ちのいい季節ですね！

'春'、'夏'、'秋'、'冬' 以外が入力された場合は else ブロックが実行されます。

30 論理演算子を用いた条件分岐

これまでのif文で用いてきた条件式は、1つの条件だけで判定していました。ここで紹介する「**論理演算子**」を用いることで、複数の条件を組み合わせた条件式を作ることができます。

●論理演算子

論理演算子には、2つ以上の条件を組み合わせる「and」と「or」、そして否定を意味する「not」があります。

30-01 論理演算子

演算子	条件式に用いたときの意味
and	2つの条件式の論理積（かつ）を返します。2つの条件式の両方がTrueの場合にTrueになります。
or	2つの条件式の論理和（または）を返します。2つの条件式のどちらかがTrueの場合にTrueになります。
not	値の否定（〜ではない）を返します。True、Falseを反転させるように作用します。

●and演算子を使ってみる

and演算子は、演算子の左右2つの条件式が両方とも成立（True）している場合にのみ、Trueを返します。

and演算子の使用例

```
number = 80
number > 70 and number < 90
```

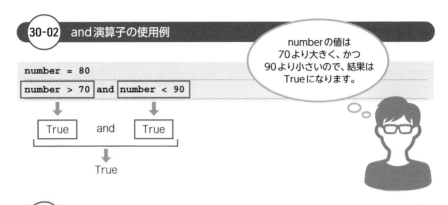

numberの値は
70より大きく、かつ
90より小さいので、結果は
Trueになります。

True and True

True

30-03 and演算子を使った性格診断プログラム

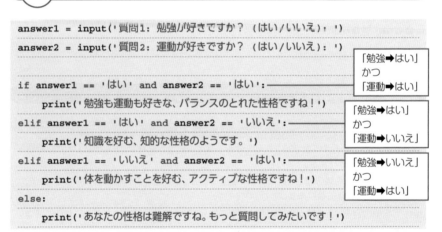

```
answer1 = input('質問1：勉強が好きですか？（はい/いいえ）：')

answer2 = input('質問2：運動が好きですか？（はい/いいえ）：')


if answer1 == 'はい' and answer2 == 'はい':

    print('勉強も運動も好きな、バランスのとれた性格ですね！')

elif answer1 == 'はい' and answer2 == 'いいえ':

    print('知識を好む、知的な性格のようです。')

elif answer1 == 'いいえ' and answer2 == 'はい':

    print('体を動かすことを好む、アクティブな性格ですね！')

else:

    print('あなたの性格は難解ですね。もっと質問してみたいです！')
```

「勉強➡はい」
かつ
「運動➡はい」

「勉強➡はい」
かつ
「運動➡いいえ」

「勉強➡いいえ」
かつ
「運動➡はい」

30-04 実行例

```
質問1：勉強が好きですか？（はい/いいえ）：いいえ

質問2：運動が好きですか？（はい/いいえ）：はい

体を動かすことを好む、アクティブな性格ですね！
```

'はい'または'いいえ'を
入力します

'はい'または'いいえ'を
入力します

elif answer1 == 'いいえ'
and answer2 == 'はい':
のブロックが実行された
ようですね。

●or演算子を使ってみる

or演算子は、演算子の左右2つの条件式のどちらか一方が成立（True）していれば、Trueを返します。

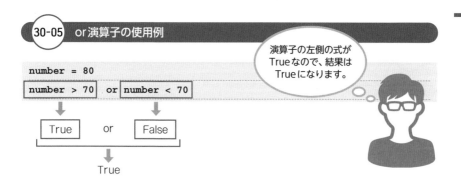

30-05 or演算子の使用例

```
number = 80
number > 70  or  number < 70
```

演算子の左側の式が
Trueなので、結果は
Trueになります。

True　or　False

True

30-06 食べ物の好みについて質問するプログラム

```
answer1 = input('質問1：寿司が好きですか？（はい/いいえ）：')
answer2 = input('質問2：ピザが好きですか？（はい/いいえ）：')

if answer1 == 'はい' or answer2 == 'はい':
    print('人気の食べ物がお好きなようですね！')
else:
    print('あなたは和食や洋食よりも、もっと別の好みがあるのかもしれませんね。')
```

条件を組み合わせて食べ物
の好みを判定します

▼ 実行結果の例

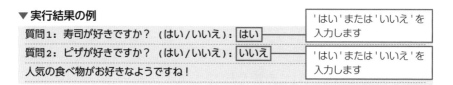

質問1：寿司が好きですか？（はい/いいえ）：はい

質問2：ピザが好きですか？（はい/いいえ）：いいえ

人気の食べ物がお好きなようですね！

'はい'または'いいえ'を
入力します

'はい'または'いいえ'を
入力します

●not演算子を使ってみる

not演算子は、andやorのように演算子の左右2つの式を調べるのではなく、あと
に続く式または値がTrueであればFalseを返し、FalseであればTrueを返します。
bool値において数値のゼロはFalse、ゼロ以外のすべての数はTrueになりますが、
not演算子を使うと次のように結果を反転させることができます。

30-07 notによるTrueとFalseの反転

```
print(bool(0))
```
ゼロは False です
```
print(bool(not 0))
```
ゼロの False を論理否定すると True になります
```
print(bool(3.14))
```
3.14 は True です
```
print(bool(not 3.14))
```
3.14 の True を論理否定すると False になります

▼ 実行結果

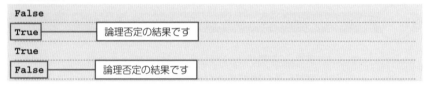

```
False
```
```
True
```
論理否定の結果です
```
True
```
```
False
```
論理否定の結果です

「not 0」がTrueになることを利用して、「ある整数を割った余りがゼロの場合に偶
数であると判定する」プログラムを作ってみます。

30-08 入力された整数が偶数か奇数かを判定するプログラム

```
user_number = int(input('整数を入力してください：'))
# 数が偶数か奇数かを判定して結果を表示
if not user_number % 2:
    print(f'{user_number}は偶数です。')
else:
    print(f'{user_number}は奇数です。')
```

▼ 実行結果の例

整数を入力してください：346 ──── 任意の整数を入力します

346は偶数です。

30-09 「if not user_number % 2:」の処理の例

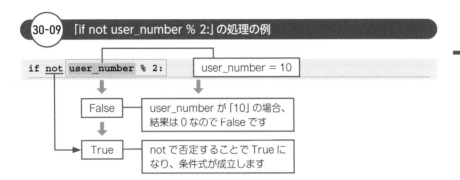

```
if not user_number % 2:        user_number = 10
```

False ← user_number が「10」の場合、
結果は 0 なので False です

True ← not で否定することで True に
なり、条件式が成立します

「2で割った余りが
ゼロ（False）ならば、
notで反転させると
Ture となるので、
偶数と判定される」
ということですね。

31 if文のネスト

if文のブロックに別のif文を入れることで、複雑な条件分岐を作ることができます。これを「**if文のネスト**」と呼びます。

●if文のブロックにif文を書く(if文のネスト)

次に示すのは、if～else文にif～else文をネストしたときの、ソースコードの構造とフローチャートの対比についての図です。

31-01 if～else文にif～else文をネスト

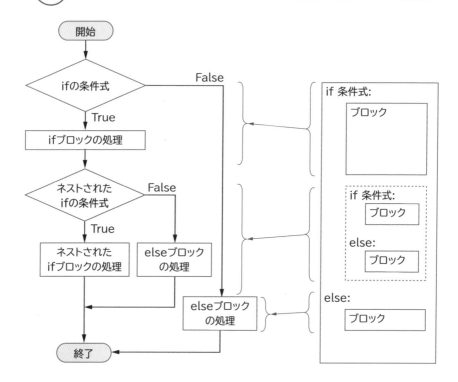

●「今日のおやつプログラム」を作ってみよう

if〜else文をネストして、今日のおやつを提案するプログラムを作ってみます。外側のif〜else文では使える金額で条件分岐し、ネストした内側のif〜else文ではカロリーを気にするかどうかで条件分岐します。

31-02 今日のおやつを提案するプログラム

```
q1 = int(input('おやつにいくら使える？（円）：'))
if(q1 >= 300):
    q2 = input('カロリーを気にしてる？（はい/いいえ）：')
    if(q2 == 'はい'):
        print('黒ごま豆乳プリンにしましょう！')
    else:
        print('濃厚キャラメルタルトにしましょう！')
else:
    print('ポテチが買えるかもしれません！')
```

──── ネストしたif〜else文

▼ 実行結果の例

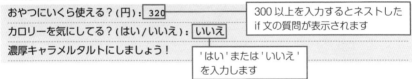

おやつにいくら使える？（円）：320 ─── 300以上を入力するとネストしたif文の質問が表示されます

カロリーを気にしてる？（はい/いいえ）：いいえ

濃厚キャラメルタルトにしましょう！ ─── 'はい'または'いいえ'を入力します

最初に「使える金額」で条件分岐して、300円以上ならばさらに「カロリーを気にするかどうか」で条件分岐しているのですね。

32 ループ（for文）

プログラミングにおける「**ループ**」とは、特定の処理を繰り返し実行することです。ループ処理の仕組みを使えば、同じ処理を繰り返す場合にソースコードを簡略化することができます。

●for文（繰り返す回数を指定）

ループ処理は、指定条件が満たされるまで何度も繰り返し行われます。最初に、繰り返す回数を指定する「for文」について見ていきます。

32-01 【構文】for文（繰り返す回数を指定）

```
for 変数 in range(繰り返す回数)
    処理...
```

32-02 for文とフローチャートの対比

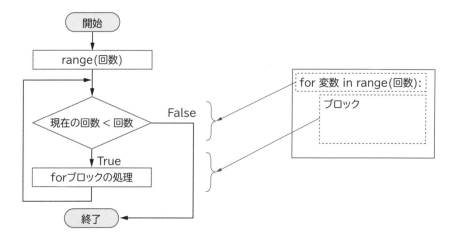

range()関数は、引数に整数を指定すると、実行するたびに0から「指定した数より1だけ小さい数」までの整数のシーケンス (連続した値) を返します。「for i in range(5):」とした場合は、ループ1回ごとに変数iに0から4までの整数値が順に格納され、計5回処理が行われます。

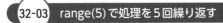
32-03 range(5) で処理を5回繰り返す

```
for i in range(5):
    print(f'i = {i}')
```

▼出力

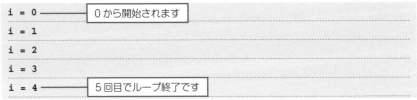

```
i = 0 ──────  0から開始されます
i = 1
i = 2
i = 3
i = 4 ──────  5回目でループ終了です
```

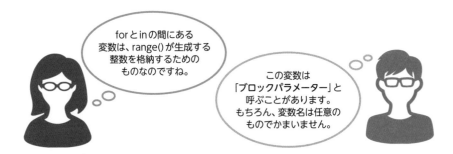

forとinの間にある変数は、range()が生成する整数を格納するためのものなのですね。

この変数は「ブロックパラメーター」と呼ぶことがあります。もちろん、変数名は任意のものでかまいません。

• 数当てゲーム

for文を使って数当てゲームを作ってみます。randint()で1から10までの整数をランダムに生成し、生成された数だけfor文で処理を繰り返します。

```
import random ──────┤ random モジュールをインポートします

# ランダムな数を生成 (1から10まで)
num_smileys = random.randint(1, 10)
# forループで顔文字を表示
for _ in range(num_smileys):
    print('(^o^)', end=' ')      # 顔文字を表示し、改行せずにスペースで区切る
print()  # 改行
# 顔文字の数を当ててもらう
user_guess = int(input('表示された顔文字の数を当ててみてください：'))
# 推定が正しいかどうかを判定してメッセージを表示
if user_guess == num_smileys:
    print('正解！すごいですね、ちょうどの数でした。')
else:
    print(f'残念！正解は{num_smileys}でした。次回も挑戦してみてください！')
```

▼ 実行結果の例

```
(^o^) (^o^) (^o^) (^o^) (^o^)
表示された顔文字の数を当ててみてください：6 ──┤ 推定した数を入力します
残念！正解は5でした。次回も挑戦してみてください！
```

> この例では、
> ブロックパラメーターは
> 使用する必要がないので、
> 「_」(アンダースコア)の
> ように記述しています。

●for文（コレクションの要素数だけ繰り返す）

for文のループ処理の大きな特徴は、リストやタプルなどのコレクションの要素の数だけ処理を繰り返すことです。

32-05 【構文】for文（コレクションの要素の数だけ繰り返す）

```
for 変数 in コレクション：
    処理...
```

32-06 for文（コレクション）とフローチャートの対比

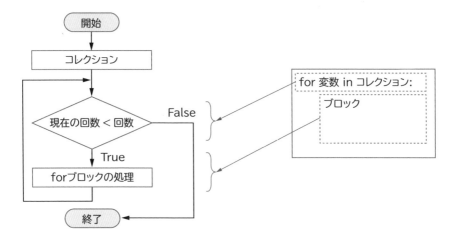

'おはよう'、'こんにちは'、'こんばんは'を要素にしたリストを作成し、これをfor文に用いると、要素の数である3回だけ処理が繰り返されます。ループ1回ごとにリスト要素が変数（ブロックパラメーター）に格納されるので、ブロック内の処理に利用することができます。

```
word = ['おはよう', 'こんにちは', 'こんばんは']
for w in word:
    print(w)
```

▼出力

おはよう

こんにちは

こんばんは

リスト要素が
順番に取り出され
ました。

●for文を利用したシンプルなチャットボット

おしゃべりを楽しむプログラムのことを「**チャットボット**」と呼びます。ここでは for文を利用して、シンプルな仕掛けのチャットボットを作成してみることにします。 いくつかのセリフを要素にしたリストを作成し、for文で次のように反復処理を行い ます。

・リストから取り出したセリフをinput()関数の引数とし、セリフを画面に表示しつ つプレイヤーからの入力を取得することで、会話の雰囲気を出すようにします。

・forブロックにif文をネストし、プレイヤーが「さようなら」と入力した場合はルー プを打ち切ってプログラムを終了するようにします。

なお、対話を楽しめるように、プログラムはPythonのソースファイル（拡張子 「.py」）に記述して、ターミナル上で実行するようにしましょう。

```
# プレイヤーの名前を取得
user_name = input('こんにちは！お名前は？：')
print(f'ようこそ、{user_name}さん！')


# チャットボットの質問リスト
questions = [
    '今日はどんなことをしていましたか？',
    '好きな食べ物は何ですか？(終了する場合は「さようなら」と入力)',
    '何か趣味はありますか？(終了する場合は「さようなら」と入力)',
    '何かひと言どうぞ！(終了する場合は「さようなら」と入力)'
]
```

リストの要素の数だけ繰り返す

```
for question in questions:
    user_response = input(question)
```

リスト要素を出力してプレイヤーの発言を取得

```
    if user_response == 'さようなら':
        print('bot:さようなら！またお話しできることを楽しみにしています。')
        break
```

プレイヤーが「さようなら」と入力したらループを終了

```
    elif user_response:
        print('bot:それは面白いですね！')
```

プレイヤーが発言した場合

```
    else:
        print('bot:何か話してくださいね。')
```

発言が何もない場合

```
# ループ終了後に絵文字を出力
print('(^^)/~~~')
```

```
問題   出力   デバッグ コンソール   ターミナル   ポート   JUPYTER

--' 'C:\Document\IT-Illust-Python\sampleprogram\chap04\04_06\for.py'
こんにちは！お名前は？：パイソン
ようこそ、パイソンさん！
今日はどんなことをしていましたか？プログラミングしてました
bot:それは面白いですね！
好きな食べ物は何ですか？(終了する場合は「さようなら」と入力)パスタです
bot:それは面白いですね！
何か趣味はありますか？(終了する場合は「さようなら」と入力)さようなら
bot:さようなら！またお話しできることを楽しみにしています。
(^^)/~~~
(.venv) PS C:\Document\IT-Illust-Python\sampleprogram> █
```

※　　　は入力を示します。

Point **break文**

　break 文は、繰り返し処理を中断してループを抜け出す命令です。for ブロックに if 文をネストして break 文を配置すると、条件が成立した場合にループを終了して次の処理に進めることができます。

▼break文の書き方

```
for 変数 in コレクション：
    if 条件式：
        break                    ・if 文をネストする
                                 条件式が成立したら break でループが
    for ブロックの処理 ...        終了します。
```

ループを途中で
止めたい場合は、
breakを使うの
ですね。

for文以外に、
このあと紹介するwhile文
でも、ループを止める
手段として使われます。

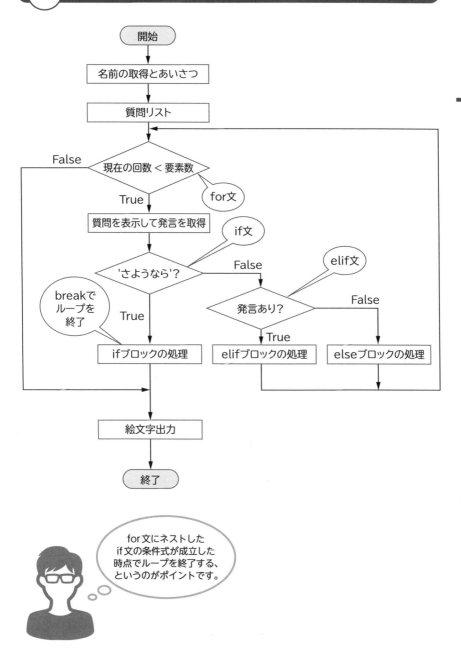

32-10 チャットボットプログラムのフローチャート

開始

名前の取得とあいさつ

質問リスト

現在の回数 < 要素数 （for文）

False / True

質問を表示して発言を取得 （if文）

'さようなら'? （elif文）

breakで
ループを
終了

True / False

発言あり?

True / False

ifブロックの処理

elifブロックの処理

elseブロックの処理

絵文字出力

終了

for文にネストした
if文の条件式が成立した
時点でループを終了する、
というのがポイントです。

33 ループ（while文）

指定した条件を満たす限り処理を繰り返す「**while文**」があります。

●while文

while文は、whileに続く条件式と、繰り返す処理を記述したブロックで構成されます。条件式が成立 (True) である限り、ブロックの処理が繰り返し実行されます。

33-01 【構文】while文

```
while 条件式：
    条件が成立したときに繰り返す処理...
```

• 処理回数をカウントする

次に示すのは、whileループを3回実行する例です。処理回数のカウント用の変数を0で初期化しておいて、whileのブロック内でその変数に1を加算するのがポイントです。ループ1回ごとに変数の値が1ずつ増えるので、値が3になったところで「counter < 3」が不成立 (False) になり、ループが終了します。

33-02 処理回数をカウントして繰り返し3回で終了する

```
counter = 0 ───────────────── 0で初期化した変数 counter を定義します
while counter < 3: ───── counter の値が3より小さければ、
    print(f'counterの値：{counter}')   ブロックの処理を実行します
    counter += 1 ─────────── counter に1を加算します
```

▼出力

counterの値：0
counterの値：1
counterの値：2

33-03 フローチャートで確認する

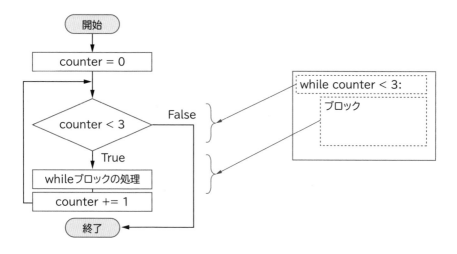

●while文を用いたチャットボット

　while文を用いてチャットボットを作成してみます。このプログラムもfor文によるチャットボットと同様に、'さようなら'と入力しない限りループし続けます。

```
import random
```

```
user_name = input('こんにちは！お名前は？：')
print(f'ようこそ、{user_name}さん！')
```
→ プレイヤーの名前を取得してメッセージを出力

```
questions = [
    '今日はどんなことをしていましたか？',
    '今日は何か食べましたか？（終了する場合は「さようなら」と入力）',
    '雨降りそうですね？（終了する場合は「さようなら」と入力）',
    '何かひと言どうぞ！（終了する場合は「さようなら」と入力）'
]
```
→ チャットボットの質問リスト

```
user_response = ''
```

```
while user_response != 'さようなら':
```
→ 'さようなら'と入力されるまでループする

```
    user_response = input(random.choice(questions))
```

```
    if not user_response:
        print('bot：何か話してくださいね。')
```

```
    else:
        print(f'bot：「{user_response}」なのですね。')
```

```
# ループ終了後にメッセージを出力
print('bot：さようなら！またお話しできることを楽しみにしています。')
```

発言が何もない場合

プレイヤーが発言した場合

リスト要素をランダムに出力してプレイヤーの発言を取得

　for文のチャットボットでは、ネストしたif文で'さようなら'が入力されたことをチェックしてループを終了するようにしていました。これに対し、while文のチャットボットでは、whileの条件式を次に示すようにして、プレイヤーの発言が'さようなら'でない限りループを続けるようにしています。

33-05 while の条件式

```
while user_response != 'さようなら':
```

user_responseの値が
「'さようなら'でなければ」
常に True になり、
ブロックの処理が
繰り返されます。

▼ プログラムの実行例 (ターミナル)

問題　　出力　　デバッグ コンソール　　**ターミナル**　　ポート　　JUPYTER

```
--' 'C:\Document\IT-Illust-Python\sampleprogram\chap04\04_07\while.py'
こんにちは！お名前は？：パイソーン
ようこそ、パイソーンさん！
今日は何か食べましたか？(終了する場合は「さようなら」と入力)カップ麺
bot:「カップ麺」なのですね。
雨降りそうですね？(終了する場合は「さようなら」と入力)晴れてるけど
bot:「晴れてるけど」なのですね。
何かひと言どうぞ！(終了する場合は「さようなら」と入力)特にないです
bot:「特にないです」なのですね。
雨降りそうですね？(終了する場合は「さようなら」と入力)晴れてます
bot:「晴れてます」なのですね。
今日は何か食べましたか？(終了する場合は「さようなら」と入力)だからカップ麺ですって
bot:「だからカップ麺ですって」なのですね。
何かひと言どうぞ！(終了する場合は「さようなら」と入力)さようなら
bot:「さようなら」なのですね。
bot:さようなら！またお話しできることを楽しみにしています。
(.venv) PS C:\Document\IT-Illust-Python\sampleprogram> █
```

※ □□□ は入力を示します。

random.choice()関数

標準ライブラリに収録されているrandomモジュールの**choice()関数**は、引数に
リストやタプルなどのコレクションを指定すると、ランダムに1つの要素を抽出し、
戻り値として返します。

▼**文字列を格納したリストからランダムに要素を抽出する**

```
import random
words = ['おはよう', 'こんにちは', 'こんばんは','おはようございます']
random.choice(words)
```

▼**実行結果**

```
'こんばんは'
```

choices()関数を使うと、抽出する要素の数を指定することができます。要素の数
は、kオプションを使って「k=2」のように指定します。

▼**数を指定してランダムに抽出する**

```
random.choices(words, k=2)
```

▼**実行結果**

```
['こんばんは', 'こんにちは']
```

結果を見てわかるように、リストから抽出した複数の要素は、リストに格納された
状態で戻り値として返されます。

05

文字列と
日付データの操作

　Pythonの文字列操作では、文字列の結合、文字列の繰り
返し、文字列の長さの取得、文字列の分割や一部の文字列の
みの取得などが行えます。

　日付データの操作では、現在の日付や指定した日付をデー
タとして取得でき、書式を指定すれば任意の形式で日付デー
タを出力することも可能です。また、日付データに対して加
算や減算を行うことで、過去の日付や未来の日付を取得した
りできます。

34 文字列の連結と繰り返し

文字列の途中改行や文字列同士の連結、文字列の繰り返しなど、文字列操作の基本的な処理について見ていきます。

●複数行の文字列を扱う

トリプルクォート（「'''」または「"""」）を使うと、文字列の途中に改行を入れることができます。

34-01 改行して文字列を複数行にする

> 「'''」で囲んだ範囲は文字列だと見なされるので、必要なだけ改行することができます。

```
str = '''こんにちは
Pythonです！'''
print(str)
```

▼出力
```
こんにちは
Pythonです！
```

これは、改行する位置に、改行を示す「**エスケープシーケンス**」が配置されるためです。Notebookの自動エコーの機能を使うと確認できます。

34-02 変数strの値を出力する

```
str
```
— セルに変数名だけを入力して実行します

▼出力
```
'こんにちは\nPythonです！'
```
改行を示す「\n」が配置されています

Term エスケープシーケンス

　トリプルクォートで文字列を改行して入力した際に、print()関数を使わずに直接、変数の値を表示（自動エコー）すると、「'こんにちは\nPythonです\nよろしくね！'」のように、改行する箇所に「\n」が表示されました。これは「**エスケープシーケンス**」と呼ばれる特殊な文字列です。「\」（バックスラッシュ）は日本語環境の場合に「¥」と表示されますが、VSCodeのエディターやNotebookではバックスラッシュとして表示されます。バックスラッシュはあとに続く文字に特別な意味を与える機能を持つことから「**エスケープ文字**」と呼ばれることがあります。\nのnは「改行」を示すので、文字列の中に「\n」と書けば、そこで改行される仕組みです。

▼「\n」を明示的に記述して改行する

```
print('こんにちは\nPython!')
```
こんにちは
Python!

文字列の中に「\n」を
記述すれば、「''」で囲んで
改行する必要は
ないのですね。

▼エスケープシーケンス

\0	NULL文字（何もないことを示す）、「0」は数字のゼロ
\b	バックスペース
\n	改行（Line Feed）
\r	復帰（Carriage Return）
\t	タブ
\'	文字としてのシングルクォート
\"	文字としてのダブルクォート
\\	文字としてのバックスラッシュ

●文字列の連結

　四則演算子の「+」は、その左右が文字列の場合、文字列同士を結合する文字列結合演算子として機能します。なお、**print()関数**は「,」で区切ることで複数のデータを出力できるので、「+」を使う必要はありません。

34-03　文字列を連結して表示する

```
print('今日は' + '雨です')
print('今日は', '雨です')
print('今日は', '雨です', sep='')
```

▼出力

```
今日は雨です
今日は 雨です    ┌──────────────┐
今日は雨です     │ 間にスペースが │
                 │ 入っています   │
                 └──────────────┘
```

　print()関数は、「,」で区切って複数のデータを設定すると、データ間にスペースが入ります。デフォルトの区切り文字として「sep=' '」のようにスペースが設定されているので、明示的に空の文字「sep=''」を設定すればスペースが入らなくなります。

●文字列を繰り返す

　文字列に続けて「* 整数」を書くと、「*」の直前の文字列が繰り返されます。

34-04　「*」で直前の文字列を繰り返す

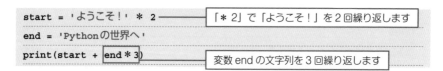

```
start = 'ようこそ！' * 2          ┌─「* 2」で「ようこそ！」を2回繰り返します
end = 'Pythonの世界へ'
print(start + end * 3)   ┌─ 変数 end の文字列を3回繰り返します
```

▼出力

```
ようこそ！ようこそ！Pythonの世界へPythonの世界へPythonの世界へ
```

154

文字列の操作

文字列からの抽出、文字列の切り分けなど、文字列操作の基本的な処理について見ていきましょう。

●文字列の抽出

ブラケット[ ]を使うと、文字列の中から特定の文字列を抽出できます。

●ブラケットによる文字列の抽出

ブラケットの使い方	抽出される文字
文字列[インデックス]	インデックスで指定した1文字
文字列[開始インデックス:]	開始インデックスから文字列の末尾まで
文字列[:終了インデックス]	文字列の先頭から終了インデックスの直前の文字まで
文字列[開始インデックス: 終了インデックス]	開始インデックスから終了インデックスの直前の文字まで
文字列[::ステップ]	ステップで指定した文字数をスキップ

35-01 文字列から先頭の文字を取り出す

```
'2の3乗は8' [0]
```
先頭の文字を取り出します

▼出力

```
'2'
```

35-02　文字列のインデックス

2	の	3	乗	は	8
[0]	[1]	[2]	[3]	[4]	[5]

リスト要素の
インデックスと同様に、
0から開始されます。

35-03　文字列のスライス

```
'2の3乗は8'[2:5]
```

▼出力

```
'3乗は'
```

35-04　文字列のスライス

2	の	3	乗	は	8
[0]	[1]	[2]	[3]	[4]	[5]

[2:5]

スライスの場合は、
終了インデックスの
直前の文字までが
取り出されます。

●文字列の切り分け

split()メソッドは、文字列に含まれる文字を区切り文字にして切り分けます。

●split()メソッド
区切り文字（セパレーター）で文字列を分割し、リストに格納して返します。

書式	文字列.split(sep)	
パラメーター	sep	セパレーターにする文字を指定します。

　例えば、'1,2,3'の「,」をセパレーターとして指定すれば、'1'、'2'、'3'だけを取り出すことができます。このほかに、「-」や「.」、さらにはスペースで区切られた文字列から文字列の部分だけを取り出す、などの用途で使えます。

35-05　全角スペースをセパレーターにして文字列を切り分ける

```
sentence = '僕は　パイソン　です　よろしくね'
sentence.split('　')
```

> 単語単位で切り分けられ、リスト要素として取得できました。

▼出力
```
['僕は', 'パイソン', 'です', 'よろしくね']
```

35-06　メールアドレスをユーザー名とドメイン名に切り分ける

```
address = 'user-one@example.com'
address.split('@')
```

▼出力
```
['user-one', 'example.com']
```

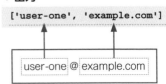

| user-one | @ | example.com |

36 正規表現による
パターンマッチ

正規表現とは「いくつかの文字列を1つの形式で表現するための表現方法」のことで、この表現方法を利用すれば、大量の文字列の中から特定の文字列を容易に検索できます。

●正規表現とパターンマッチ

正規表現を使うことで、単に文字列を見つけるだけでなく、文字列の位置に関する指定や、AまたはBという複数の候補、ある文字列の繰り返しなど、正規表現ならではの柔軟性を活かしたパターンで検索できます。

正規表現は文字列のパターンを記述するための表記法であり、様々な文字列と適合チェックすることを目的とします。このことを「**パターンマッチ**」と呼びます。正規表現で記述したパターンが対象文字列に登場するかどうか調べ、適合する文字列が見つかればパターンマッチしたことになります。

●パターンマッチを行うreモジュールの関数

Pythonで正規表現を使ってパターンマッチを行う方法として最もオーソドックスなのは、標準ライブラリの**reモジュール**に含まれている関数を使う方法です。

●re.match()関数

文字列の先頭に正規表現のパターンにマッチする文字列があるかどうか調べます。

書式	re.match(pattern, string)	
パラメーター	pattern	正規表現のパターンを指定します。
	string	検索対象の文字列。
戻り値	文字列の先頭がパターンにマッチした場合は、結果を格納したMatchオブジェクトを返します。マッチしない場合はNoneを返します。	

● re.search()関数

文字列の中に正規表現のパターンにマッチする文字列があるかどうか調べます。

書式	re.search(pattern, string)	
パラメーター	pattern	正規表現のパターンを指定します。
	string	検索対象の文字列。
戻り値	パターンにマッチした場合は、結果を格納したMatchオブジェクトを返します。マッチしない場合はNoneを返します。	

36-01 re.match()とre.search()

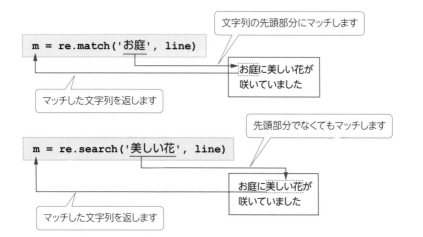

・re.match()関数を使う

re.match()関数は、パターンが文字列の先頭にあるかどうか調べます。

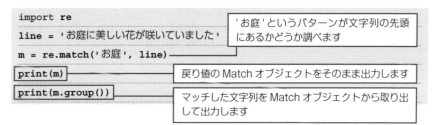

36-02 re.match()関数でパターンマッチを行う

```
import re
line = 'お庭に美しい花が咲いていました'
m = re.match('お庭', line)
print(m)
print(m.group())
```

'お庭'というパターンが文字列の先頭にあるかどうか調べます

戻り値のMatchオブジェクトをそのまま出力します

マッチした文字列をMatchオブジェクトから取り出して出力します

▼出力

```
<re.Match object; span=(0, 2), match='お庭'>
お庭
```

Matchオブジェクトのspanは「マッチした文字列の位置」を示し、matchは「マッチした文字列」を示します。

36-03 戻り値として返されたMatchオブジェクト

```
<re.Match object; span=(0, 2), match='お庭'>
```

マッチした文字列の位置がインデックス0〜2の手前の範囲にあることを示しています

パターンにマッチした文字列

Matchオブジェクトはマッチした文字列の位置情報なども格納しているので、文字列だけを取り出すにはgroup()メソッドを使う必要があります。

36-04 【構文】Matchオブジェクトからマッチした文字列を抽出する

```
Matchオブジェクト.group()
```

• re.search()関数を使う

re.search()関数は、パターンが文字列の中にあるかどうか調べます。

36-05 re.search()関数でパターンマッチを行う

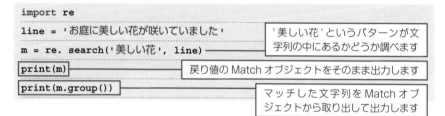

```
import re
line = 'お庭に美しい花が咲いていました'
m = re.search('美しい花', line) ── 
print(m)
print(m.group())
```

'美しい花'というパターンが文字列の中にあるかどうか調べます

戻り値のMatchオブジェクトをそのまま出力します

マッチした文字列をMatchオブジェクトから取り出して出力します

▼出力

```
<re.Match object; span=(3, 7), match='美しい花'>
美しい花
```

36-06 戻り値として返されたMatchオブジェクト

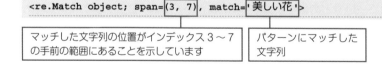

```
<re.Match object; span=(3, 7), match='美しい花'>
```

マッチした文字列の位置がインデックス3〜7
の手前の範囲にあることを示しています

パターンにマッチした
文字列

37 正規表現のパターン

正規表現は、「パイソン」のような文字列と、**メタ文字**と呼ばれる特殊な意味を持つ記号の組み合わせです。正規表現のポイントは様々な種類のメタ文字にあります。

●文字列だけのパターン

メタ文字以外の「パイソン」などの単なる文字列は、単純にその文字列にマッチします。ひらがなとカタカナの違い、空白のあり／なしなども厳密にチェックされます。

●文字列のみのパターンマッチの例

正規表現	マッチする文字列	マッチしない文字列
パイソン	こんにちは、パイソン	パイ・ソンさ〜ん
	やあ、パイソン	パイ[空白]ソン
	パイソン[空白]	パイ-ソン
やあ	やあ、こんちは	ヤア、こんちは
	いやあ、まいった	やぁやぁやぁ！
	そういやあれはどうなった？	いや、まいったなあ

●2つ以上のどれかにマッチさせる

メタ文字「|」を使うと、いくつかのパターンを候補にできます。「ありがとう」「あざっす」「あざーす」などの似た意味の言葉をまとめて反応させるためのパターンや、「面白い」「おもしろい」「オモシロイ」などの漢字／ひらがな／カタカナの表記の違いをまとめるためのパターンなどに使うと便利です。

●複数の候補のパターンマッチの例

正規表現	マッチする文字列	マッチしない文字列
こんにちは|今日は|こんちは	こんにちは、パイソン	こんばんはパイソン
	今日はもうおしまい	今日のご飯なに？
	ねえ、今日はご飯なにかな？	こんちわ〜パイソンです
	はなこんちはどこ？	ちわっす、パイソンっす

```
import re
line = 'こんにちは、パイソン'
m = re.search('こんにちは | 今日は | こんちは ', line)
print(m.group())
```

「|」を使って3つのパターンを設定します

マッチした文字列を Match オブジェクトから取り出して出力します

▼出力

```
こんにちは
```

05

文字列と日付データの操作

Term オブジェクト

これまでに何度か「オブジェクト」という用語が出てきました。Pythonでは、整数や実数、文字列などのデータのことを、「オブジェクト（object）」と呼びます。英語のobjectは「物」とか「対象」という意味ですが、Pythonでは、プログラムで操作するすべてのデータをオブジェクトと呼びます。

オブジェクトには、いろいろな種類があります。オブジェクトの種類のことを「**型**」と呼びますが、これは「データ型」と同じ意味を持ちます。例えば数値の2は、int型（整数型）というデータ型のデータですが、int型のオブジェクトでもあります。同様に文字列の'abc'は、str型（文字列型）というデータ型のデータですが、str型のオブジェクトでもあります。

リスト型のオブジェクトは[ ]、タプル型のオブジェクトは( )の中にカンマ区切りで要素が並ぶ構造をしていて、「インデックスを指定して要素を取り出す」という手順がありました。このように、それぞれのオブジェクトは独自の構造を持っていて、データの操作方法もそれぞれ独自に定められています。

Matchオブジェクトには、「マッチした文字列を取り出すにはgroup()メソッドを使う」という操作方法が定められています。

●パターンの位置を指定する

アンカーは、パターンの位置を指定するためのメタ文字です。アンカーを使うと、「対象の文字列のどこにパターンが現れなければならないか」を指定できます。

● パターンの位置を指定するアンカー

アンカー	機能
^	先頭を示す（〜で始まる）
$	末尾を示す（〜で終わる）

単に文字列だけをパターンにすると「意図しない文字列にもマッチしてしまう」ことがありますが、アンカーで位置を指定すれば、うまくパターンマッチさせられそうですね。

● アンカーの使用例

正規表現	マッチする文字列	マッチしない文字列
^やあ	やあ、パイソン	こんやあたり寒くなりそう
	やあれんそうらん	いやあ、パイソンじゃないか
じゃん$	これ、いいじゃん	これ、いいじゃんね
	やってみればいいじゃん	じゃんじゃん食べな
^ハイ$	ハイ	ハイ、そうです
		チューハイまだ？

●どれか１文字にマッチさせる

パターンにする文字を複数並べて [ ] で囲むことで、「どれか１文字」という表現ができます。例えば [。、] は「。」か「、」のどちらか句読点１文字という意味です。また、[？？] や[！！]、[＆&] のように、全角/半角表記の違いに対応する用途にも使えます。

●[ ] の使用例

正規表現	マッチする文字列	マッチしない文字列
こんにち [はわ]	こんにちは	こんちにちーは
	こんにちわー	こんにちくわ
ども [〜ー…！、]	ども、はじめまして	ども
	どもーっす	どもですー
	女房ともども、よろしく	こどもですが何か？

「そうだ」「そうね」のような
語尾の違いに
対処できそうです。

37-02　'です'に続く文字として'よ'、'ね'、'が'のどれか１文字にマッチさせる

```python
import re
line = 'パイソンですが何か？'
m = re.search('です [よねが]', line)
print(m.group())
```

▼出力

```
ですが
```

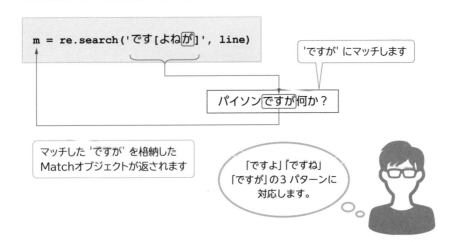

```
line = 'パイソンですが何か？'
```

```
m = re.search('です[よねが]', line)
```

'ですが' にマッチします

パイソンですが何か？

マッチした 'ですが' を格納した
Matchオブジェクトが返されます

「ですよ」「ですね」
「ですが」の3パターンに
対応します。

●どれでも1文字にマッチさせる

「.」（ドット）は、任意の1文字にマッチするメタ文字です。文字以外に、スペースやタブなどの空白文字にもマッチします。1つだけでは役に立ちそうにありませんが、「...」(何か3文字あったらマッチ) のように連続して使ったり、このあとで紹介する繰り返しのメタ文字と組み合わせたりして、「何でもいいので何文字かの文字列がある」というパターンを作るのに使います。

●「.」を用いたときのマッチング例

正規表現	マッチする文字列	マッチしない文字列
うわっ、...！	うわっ、出たっ！	うわっ、出たあっ！
	うわっ、それか！	うわっ、サイコー！
	うわっ、くさい！	うわっ、くさ！

37-04 「.」を3個続けてパターンにする

```
import re
line = 'ええっ！なんだ、それか！'
m = re.search('なんだ、...！', line)
print(m.group())
```

▼出力

なんだ、それか！

37-05 「.」を3個続けた場合のパターンマッチ

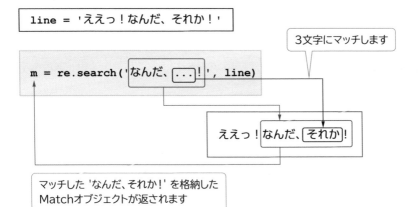

```
line = 'ええっ！なんだ、それか！'
```

3文字にマッチします

```
m = re.search('なんだ、...！', line)
```

ええっ！なんだ、それか！

マッチした 'なんだ、それか！' を格納した
Matchオブジェクトが返されます

●文字列の繰り返しにマッチさせる

繰り返しを意味するメタ文字を置くことで、直前の文字が連続することを表現できます。ただし、繰り返しが適用されるのは直前の1文字だけです。2文字以上のパターンを繰り返すには、( )でまとめてから繰り返しのメタ文字を適用します。

●文字列の繰り返しを指定する

メタ文字	意味	説明
+ （プラス）	1回以上の繰り返しを意味します。	「w+」とした場合は、'w'にも'ww'にも'wwwwww'にもマッチします。
* （アスタリスク）	0回以上の繰り返しを意味します。	「0回以上」であるところがポイントで、繰り返す対象の文字が一度も現れなくてもマッチします。つまり「w*」は'w'や'wwww'にマッチしますが、'123'や' '（空文字）、'急転直下'にもマッチします。ある文字が「あってもなくてもかまわないし連続していてもかまわない」ことを意味します。
{m}	m回の繰り返しを意味します。	繰り返しの回数はm回に限定されます。
{m,n}	「m回以上、n回以下」のように繰り返し回数の範囲を意味します。	繰り返しの回数は「m回以上、n回以下」に限定されます。
{m,}	「m回以上」を意味します。	「{m,n}」のnを省略したものです。「+」は「{1,}」、「*」は「{0,}」と同じ意味になります。

●文字列の繰り返しのマッチング例

正規表現	マッチする文字列	マッチしない文字列
は+	ははは	ハハハ
	あはは−	あれれ−
	あれはどうなった？	あれがいいよ
わー+い	わーい！	わい！
	わーーーい！	わあい！
わー*い	わーーーい！	うわー！
	わい！	わあい！
^ええーっ！*	ええーっ！！！	おええーっ！
	ええーっこれだけ？	うめええーっ！
ぷ{3,}	ぷぷぷ	ぷぷっ
	うぷぷぷぷ	うぷぷっー

> 「*」は直前の文字が「あってもなくても」に加えて「2つ以上連続していてもかまわない」ことがポイントです。

37-06 ！の１回以上の繰り返しにパターンマッチさせる

```
import re
line = 'ええーっ！！たったこれだけ？'
m = re.search('^ええーっ ! + ', line)
print(m.group())
```
「！」の１回以上の繰り返しを指定

▼出力

```
ええーっ！！
```

37-07 ＋を用いた１回以上の繰り返しの指定

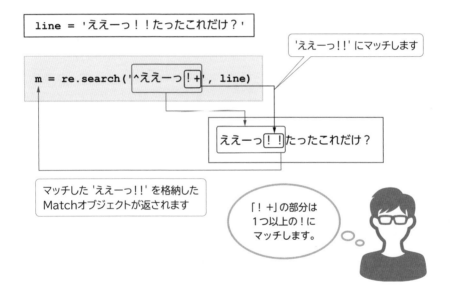

```
line = 'ええーっ！！たったこれだけ？'
```

'ええーっ!!' にマッチします

```
m = re.search(' ^ええーっ ! + ', line)
```

ええーっ ! ! たったこれだけ？

マッチした 'ええーっ!!' を格納した
Matchオブジェクトが返されます

「！+」の部分は
１つ以上の！に
マッチします。

・１文字あるか、まったくないかを示す「?」

メタ文字の「?」は、「直前の文字が１文字あるか、まったくないか」を表します。「＊」
が直前の文字があってもなくても「連続していても」かまわないことを表すのに対し、
「?」は出現回数を１回に限定するのが大きな違いです。

05

文字列と日付データの操作

例として、'グレードＡＡＡです'という文字列に対して、'グレードＡ＊'でパターンマッチを行った場合と、'グレードＡ?'でパターンマッチを行った場合の結果の違いを見てみましょう。

37-08 　'グレードＡ＊'でパターンマッチを行った場合

| グレードＡＡＡです | グレードＡ＊ | ← 'A'はあってもなくても、何文字あってもマッチします |

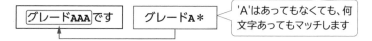

37-09 　'グレードＡ?'でパターンマッチを行った場合

| グレードＡＡＡです | グレードＡ？ | ← 'A'はなくてもかまいませんが、ある場合は1文字のみにマッチします |

●複数のパターンをまとめる

（）を使うことで、2つ以上のパターンをまとめることができます。まとめたパターンはグループとしてメタ文字の影響を受けます。

37-10 　（）に＋を付ける

| (abc)+ | ← 「abc という文字列が１つ以上ある」場合にマッチします |

（）の中でメタ文字「|」を使うと、複数のパターンを候補として指定できますが、「（）の外にアンカーなどのメタ文字を配置する」といった使い方もできます。

37-11 ( )を使わない場合

```
^さよなら|バイバイ|じゃまたね$
```

^さよなら

バイバイ

じゃまたね $

37-12 ( )を使った場合

```
^(さよなら|バイバイ|じゃまたね)$
```

^さよなら $

^バイバイ $

^じゃまたね $

アンカーの「^」と
「$」を( )の前後に
配置しました。

37-13 ( )の中の複数のパターン文字列にアンカー「^」を適用する

```python
import re
line = 'まじで、ほんとにそう思います'
m = re.search('^(まじ|ほんと)', line)
print(m.group())
```

2つのパターン文字列に「^」を適用します

▼出力

```
まじ
```

37-14 37-13のプログラムで用いた正規表現のパターン

```
^(まじ|ほんと)
```

^まじ ← 先頭の「まじ」にマッチします

^ほんと ← 先頭の「ほんと」にマッチします

38 日付データの操作

Pythonの標準ライブラリに収録されている**datetimeモジュール**の**datetimeオブジェクト**で、日付や時間、時刻などの日時データを処理することができます。

●現在の日時を取得する

datetimeオブジェクトの**now()メソッド**を使うと、現在の日時を取得できます。取得するデータはシステム時刻（OSが提供する現在の日付と時刻）です。

● datetime.datetime.now() メソッド

現在の日付および時刻が格納されたdatetimeオブジェクトを返します。

38-01 現在の日時を取得する

```
import datetime          datetime モジュールをインポート（読み込み）します
dt_now = datetime.datetime.now()
print(dt_now)            モジュール名、オブジェクト名、メソッド名
                         をカンマで区切って記述します
```

▼出力
```
2023-12-12 14:24:35.828536
```

38-02 インポートしたdatetimeモジュールの使い方

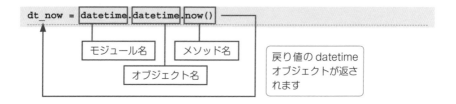

```
dt_now = datetime.datetime.now()
```

モジュール名　オブジェクト名　メソッド名

戻り値の datetime
オブジェクトが返されます

• datetimeオブジェクトから個別のデータを取り出す

datetimeオブジェクトには、年 (西暦)、月、日、時刻 (時、分、秒) のデータが格納されており、datetimeオブジェクトのプロパティを使うことで、個別のデータを取り出すことができます。year (年)、month (月)、day (日)、hour (時)、minute (分)などのプロパティがあり、「datetimeオブジェクト.プロパティ名」のように書くと、そのプロパティに対応するデータを取得することができます。

Point プロパティ

プロパティは、オブジェクトが持っているデータのそれぞれに名前を付けたもので、プロパティ名を指定することで特定のデータを取り出せるほか、必要に応じてデータを書き換えたりすることもできます。

▼datetimeオブジェクトのプロパティで、年・月・日・時刻を個別に取り出す

```
import datetime
dt_now = datetime.datetime.now()    2023-12-12 17:57:38.282566
print(dt_now.year)
print(dt_now.month)
print(dt_now.day)
print(dt_now.hour)
print(dt_now.minute)
```

▼出力

```
2023
12
12
17
57
```

●ある時点からの経過日数を取得する

2つの**dateオブジェクト**について引き算（—）を行うと、ある時点からの経過日数を取得できます。datetimeオブジェクトは時刻を含む日付データ全般を扱いますが、dateオブジェクトは年、月、日のデータのみを扱います。

● datetime.date()
dateオブジェクトを作成します。

書式	datetime.date(year, month, day)	
パラメーター	year	年（西暦）を指定します。
	month	月を1〜12の数値で指定します。
	day	「1〜対象月の日数」の範囲内の数値で指定します。

● datetime.date.today()
現在の日付データ（年、月、日）を取得します。

38-03 過去の日付から今日までの経過日数を求める

2021年4月1日のdateオブジェクトを作成

```
d1 = datetime.date(2021, 4, 1)
d2 = datetime.date.today()        今日の日付データを取得
ds = d2 - d1
print(f'{d1}から今日{d2}までの経過日数は{ds.days}日です')
```

2つの日付の差を求めます

2つの日付の差を格納したdsから日数のみを取り出すには、daysプロパティを使います。

2021-04-01から今日2023-12-12までの経過日数は985日です

38-04 2つのdateオブジェクトから日数の差を求める

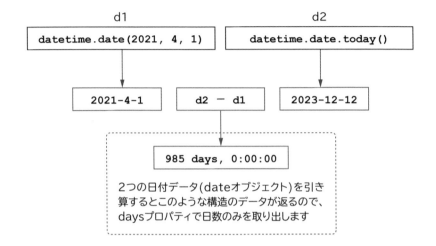

d1

```
datetime.date(2021, 4, 1)
```

d2

```
datetime.date.today()
```

```
2021-4-1
```

```
d2 − d1
```

```
2023-12-12
```

```
985 days, 0:00:00
```

2つの日付データ(dateオブジェクト)を引き
算するとこのような構造のデータが返るので、
daysプロパティで日数のみを取り出します

Column **曜日を取得する**

　datetimeオブジェクトには、日時のデータを文字列に変換する**strftime()メソッ**
ドがあります。引数に次表の書式指定文字を指定すると、対応するデータが文字列と
して出力されます。

▼strftime()メソッドの主な書式指定文字

文字	意味	文字	意味
%Y	西暦 (4桁の数字)	%M	分 (2桁の数字)
%m	月 (2桁の数字)	%A	曜日名 (英語)
%d	日 (2桁の数字)	%w	曜日を表す数字 (日曜日が0)
%H	時 (24時間表記)		

▼現在の日時を「xxxx年xx月xx日x曜日」の形式で出力する

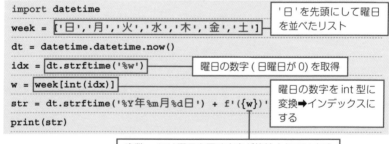

```
import datetime
week = ['日','月','火','水','木','金','土']          '日'を先頭にして曜日
                                                      を並べたリスト
dt = datetime.datetime.now()
idx = dt.strftime('%w')                    曜日の数字 (日曜日が0) を取得
w = week[int(idx)]
                                           曜日の数字を int 型に
str = dt.strftime('%Y年%m月%d日') + f'({w})'  変換➡インデックスに
print(str)                                 する
```

　　　　　　　　　　　　変数 w には曜日を示す文字が格納されています

▼出力

2023年12月13日 (水)

06

ファイル操作

データの読み書きや各種の処理において、ファイル操作はなくてはならない重要な操作です。

ファイル操作には、「ファイルを開く」、「ファイルの中身を読み込む」、「ファイルに内容を追記する」などがあり、これらの基本的なファイル操作を使うことで、テキストファイルの読み書きが可能になります。

39 カレントディレクトリのパス

この章ではファイルの操作について見ていきますが、まずはファイルを読み込むときに必要なファイルのパスについて説明します。

●カレントディレクトリのパスを取得する

コンピューターで実行中のプログラムには、作業用のフォルダーとして**カレントディレクトリ**が割り当てられています。正確には「Current Working Directory」のことで、頭文字をとって「**cwd**」と表すこともあります。「**ディレクトリ**」は、ハードディスク上の位置を表すもので、WindowsやMacなどの「**フォルダー**」と同じ意味です。

カレントディレクトリの取得は、Python標準ライブラリの**os**モジュールに収録されている**getcwd()関数**で行えます。Notebookのセルに次のコードを入力して、カレントディレクトリを取得してみます。

39-01 Notebookのカレントディレクトリを取得する

```
import os ────────── os モジュールをインポート
os.getcwd()
```

39-02 実行結果

```
'c:\\Document\\IT-Illust-Python\\sampleprogram\\chap06\\06_01'
```
└── \ をエスケープ文字の \ でエスケープしています

フォルダーの区切りとして、Windowsではバックスラッシュ「\」(日本語環境では「¥」と表示)、macOSではスラッシュ「/」が使われます。先のプログラムではNotebookの自動エコーで出力したので、「\\」のように2つ続いていますが、これは「\」を文字列とするためエスケープ文字の「\」でエスケープしていることによります。

print()関数を使って出力すると、文字列ではなくパスそのものが出力されます。

39-03 実行中のNotebookのカレントディレクトリのパスを出力する

```
print(os.getcwd())
```

39-04 出力されたパスと実際のディレクトリ構造

```
c:\Document\IT-Illust-Python\sampleprogram\chap06\06_01
```

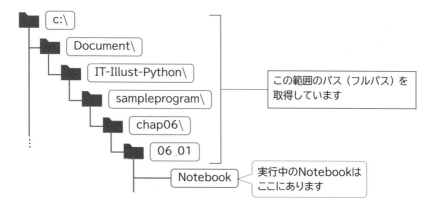

この範囲のパス（フルパス）を取得しています

実行中のNotebookはここにあります

Point 絶対パスと相対パス

ファイルやフォルダーのパスには「**絶対パス（フルパス）**」と「**相対パス**」があります。絶対パスがコンピューターの最上位にあるディレクトリからの「完全な」パスであるのに対し、相対パスは作業中のファイルからの相対的な位置を示すパスです。本文中で紹介しているNotebookでは「\dics\textfile.txt」がテキストファイルへの相対パスになるので、このように記述してアクセスすることも可能です。ただし、モジュール（拡張子「.py」）の場合はカレントディレクトリが仮想環境のディレクトリになるため、モジュールからの相対パスではアクセスに失敗してしまいます。

●Notebookのディレクトリ以下のテキストファイルへの パスを作る

現在作業中のNotebookやモジュール (Pythonのソースファイル) のディレクトリにファイルを作成した場合は、対象のファイルのパスを指定してファイル操作を行うことになります。

●os.path.join()関数
引数に指定したカンマ区切りの複数のパスを1つに結合します。

書式	os.path.join(path, *paths)	
パラメーター	path	パスを指定します。直接パスを入力するときは' 'で囲んで文字列として入力します。ディレクトリの区切り文字「\」を入力する際は「\\」とエスケープ処理するか、代わりに「/」(スラッシュ) を入力します。
	*paths	カンマで区切ることで複数のパスを設定できます。

実行中のNotebookのディレクトリ以下の 「dics」 フォルダーに保存されている 「textfile.txt」 のフルパスを作成してみます。

39-05 Notebookのディレクトリ以下の 「dics」 ➡ 「textfile.txt」 のフルパスを作成

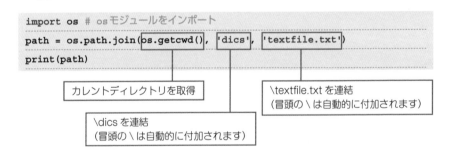

```
import os  # os モジュールをインポート
path = os.path.join(os.getcwd(), 'dics', 'textfile.txt')
print(path)
```

カレントディレクトリを取得

\textfile.txt を連結
(冒頭の \ は自動的に付加されます)

\dics を連結
(冒頭の \ は自動的に付加されます)

▼ 出力

```
c:\Document\IT-Illust-Python\sampleprogram\chap06\06_01\dics\textfile.txt
```

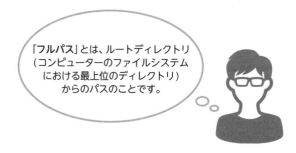

「フルパス」とは、ルートディレクトリ
(コンピューターのファイルシステム
における最上位のディレクトリ)
からのパスのことです。

39-06 パスを連結して「textfile.txt」のフルパスを作る

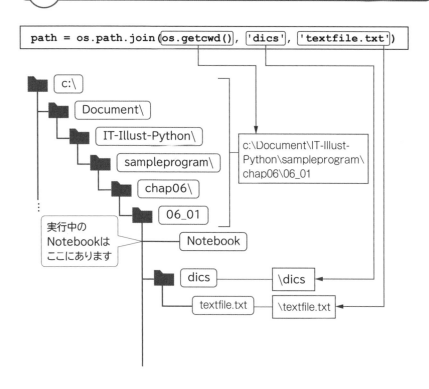

```
path = os.path.join(os.getcwd(), 'dics', 'textfile.txt')
```

c:\
Document\
IT-Illust-Python\
sampleprogram\
chap06\
06_01

c:\Document\IT-Illust-
Python\sampleprogram\
chap06\06_01

実行中の
Notebookは
ここにあります

Notebook

dics — \dics

textfile.txt — \textfile.txt

　ファイルのデータを読み込むなど、ファイルの操作を行うには、「ファイルを開く」ための処理が必要です。ここでは、テキスト形式のファイル（拡張子「.txt」）を題材に、ファイルを開く方法について紹介します。

●読み込み専用でファイルオープン

　ファイルを開くには、**open()関数**を使います。open()関数は、標準でテキスト形式のファイルに対応しています。

●open()関数
　指定されたファイルを開き、fileオブジェクトに格納して返します。

書式	open(filename, mode, encoding=None)	
パラメーター	filename	拡張子を含めたファイル名を指定します。対象のファイルがカレントディレクトリ以外に存在する場合は、ファイルのパスを指定します。
	mode	ファイルを開く際のモードを次の文字で指定します。 'r'　読み込みモードでファイルを開きます。modeの指定を省略した場合は'r'が適用されます。 'w'　書き込みモードでファイルを開きます。書き込みを行った場合は既存のファイルの内容は消去されます。 'a'　ファイルを追加書き込みモードで開きます。ファイルに書き込まれた内容はファイルの終端に追加されます。
	encoding	テキストファイルのエンコーディング方式を指定します。省略した場合はOS標準のエンコーディング方式が適用されます。

open()関数は、対象のファイルを開き、fileオブジェクトに格納して戻り値として返します。fileオブジェクトを取得したあと、オブジェクトに対して読み込みなどの処理を行いますが、処理が終わったら、必ずfileオブジェクトを閉じるようにします。これを行わないとfileオブジェクトがメモリに残り続けるためです。

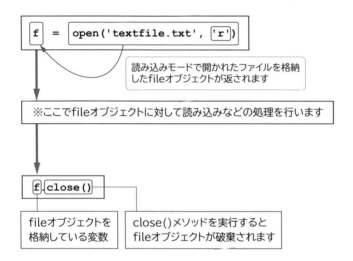

40-01 カレントディレクトリにある「textfile.txt」を読み込み専用で開く

```
f = open('textfile.txt', 'r')
```

読み込みモードで開かれたファイルを格納したfileオブジェクトが返されます

※ここでfileオブジェクトに対して読み込みなどの処理を行います

```
f.close()
```

fileオブジェクトを格納している変数

close()メソッドを実行するとfileオブジェクトが破棄されます

「ファイルを開く」➡
「処理」➡「ファイルを閉じる」
という流れになります。

●with文

　ファイル操作では、開いたあとに必ず閉じる処理が必要なので、その処理を自動的に行ってくれる**with文**の使用が推奨されています。with文を使ってファイル操作を行うと、処理終了後に自動的にファイルが閉じる（fileオブジェクトが破棄される）ようになります。

40-02　with文でファイルを開く

```
with open('textfile.txt', 'r') as f
```

読み込みモードで開かれたファイルを格納したfileオブジェクトが、変数fに格納されます

※インデントしたwithブロックでfileオブジェクトに対して読み込みなどの処理を行います

with文でfileオブジェクトが変数fに格納されるので、ブロック内でfに対して読み込みなどの処理を行います。

with文では、ファイルを操作中にエラーが発生しても安全にファイルが閉じられます。

41 テキストファイルの読み込み

開いたファイルの中身を読み込むには、fileオブジェクトのメソッドを使います。ここでは、基本的な読み込み処理を行う3つのメソッドを紹介します。

●ファイル全体を文字列として読み込む

最初に、テキストファイルの中身を一括して読み込む**read()メソッド**について見ていきます。

●read()メソッド

ファイルの中身を一括して読み込みます。テキストの改行文字 (\n) も読み込まれます。

書式	fileオブジェクト.read()
戻り値	ファイルのすべてのテキストデータを文字列として返します。

前提条件として、Notebookのカレントディレクトリの「dics」フォルダーに「textfile.txt」が格納されていることとします。ファイルを開いて、read()メソッドですべてのデータを読み込んでみます。

41-01 テキストファイルの中身を一括して読み込む

ファイルのフルパスを作成して path に代入します

```
import os
path = os.path.join(os.getcwd(), 'dics', 'textfile.txt')
with open(path, 'r', encoding='utf-8') as f:
    str = f.read()
    print(str)
```

テキストファイルのエンコーディング方式
(UTF-8) を指定します

Windowsの場合はエンコーディング方式
として「Shift-JIS」が使われますが、ここでは
textfile.txtがプログラミングの分野で標準の
「UTF-8」になっていると仮定しています。
そのため、open()の引数に「encoding='utf-8'」を
設定しています。

▼出力

いい天気だね
今日は暑いね
楽しそうだね	テキストファイルの
いま何時かな	内容が表示される
雨降ってきた
ロックを聴こうよ

41-02 read()によるテキストファイルの読み込み

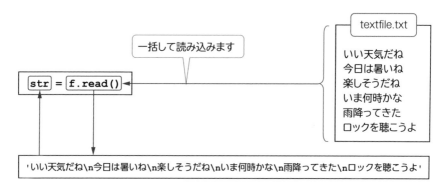

一括して読み込みます

```
str = f.read()
```

textfile.txt

いい天気だね
今日は暑いね
楽しそうだね
いま何時かな
雨降ってきた
ロックを聴こうよ

'いい天気だね\n今日は暑いね\n楽しそうだね\nいま何時かな\n雨降ってきた\nロックを聴こうよ'

改行文字 (\n) も一緒に読み込まれます

●ファイル全体をリストとして読み込む

readlines()メソッドは、ファイルのテキストデータを1行ずつリストの要素として読み込みます。

●readlines()メソッド
ファイルの中身を1行ずつリスト要素にします。

書式	fileオブジェクト.readlines()
戻り値	ファイルの行データを要素にしたリストを返します。

ファイル操作

41-03 テキストファイルの中身を1行ずつ読み込む

```
import os
path = os.path.join(os.getcwd(), 'dics', 'textfile.txt')
with open(path, 'r', encoding='utf-8') as f:
    str = f.readlines()          ┤ 1行ずつ読み込んでリストにします
    print(str)
```

41-04 readlines()によるテキストファイルの読み込み

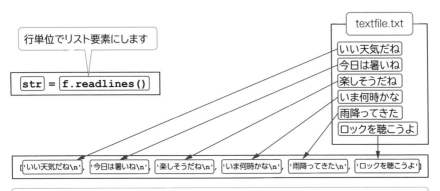

行単位でリスト要素にします

`str` = `f.readlines()`

textfile.txt
- いい天気だね
- 今日は暑いね
- 楽しそうだね
- いま何時かな
- 雨降ってきた
- ロックを聴こうよ

`['いい天気だね\n',` `'今日は暑いね\n',` `'楽しそうだね\n',` `'いま何時かな\n',` `'雨降ってきた\n',` `'ロックを聴こうよ']`

改行文字 (\n) も一緒に読み込まれますが、最終行は改行がないので末尾の要素は文字列だけになっています

●ファイルを1行読み込む

readline()メソッドは、ファイルのテキストデータを1行読み込みます。

● readline()メソッド

ファイルから1行読み込みます。

書式	fileオブジェクト.readline()
戻り値	ファイルの1行データを返します。

41-05 readline()によるテキストファイルの読み込み

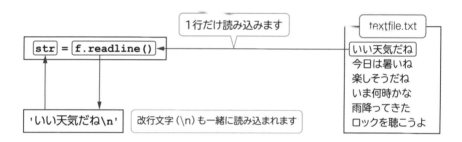

```
str = f.readline()
```

1行だけ読み込みます

textfile.txt

いい天気だね
今日は暑いね
楽しそうだね
いま何時かな
雨降ってきた
ロックを聴こうよ

'いい天気だね\n'

改行文字(\n)も一緒に読み込まれます

1行しか読み込まない
メソッドが、いったい何の
役に立つのでしょうか…。

反復処理をすれば1行ずつ
データを取り出せるので、
末尾の\nを削除するといった、
テキスト加工の際などに
便利です。

41-06 ファイルを1行ずつ読み込んで末尾の \n を取り除く

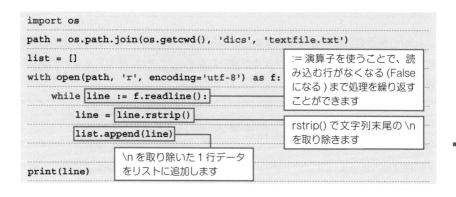

```
import os
path = os.path.join(os.getcwd(), 'dics', 'textfile.txt')
list = []
with open(path, 'r', encoding='utf-8') as f:
    while line := f.readline():
        line = line.rstrip()
        list.append(line)
print(line)
```

:= 演算子を使うことで、読み込む行がなくなる(Falseになる)まで処理を繰り返すことができます

rstrip() で文字列末尾の \n を取り除きます

\n を取り除いた1行データをリストに追加します

▼出力（1行データの末尾の \n が削除されています）

```
['いい天気だね', '今日は暑いね', '楽しそうだね', 'いま何時かな', '雨降ってきた', 'ロックを聴こうよ']
```

strオブジェクトの**rstrip()メソッド**は、引数に指定した文字を「文字列の末尾から」取り除きます。引数を省略した場合は、改行文字 (\n) やタブ文字 (\t) など、通常の文字以外の要素が取り除かれます。

fileオブジェクトをfor文で反復処理すると、ファイルのデータを1行ずつ取り出すことができます。次に示すのは、先のプログラムをfor文に置き換えたものです。

41-07 fileオブジェクトをfor文で反復処理する（with文から記述しています）

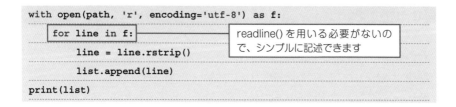

```
with open(path, 'r', encoding='utf-8') as f:
    for line in f:
        line = line.rstrip()
        list.append(line)
print(list)
```

readline() を用いる必要がないので、シンプルに記述できます

42 テキストファイルの書き込み

open()関数の引数で'w'を指定すると**書き込みモード**でファイルが開かれ、'a'を指定すると**追加書き込みモード**でファイルが開かれます。ここでは、テキストファイルへの書き込みについて見ていきます。

●テキストファイルを上書きする

テキストファイルに文字列を書き込むには、**write()メソッド**を使います。

● write ()メソッド
ファイルに文字列を書き込みます。

・ファイルが書き込みモード ('w') で開かれている場合は、ファイルを上書きします。
・追加書き込みモード ('a') で開かれている場合は、ファイルの末尾に文字列を追加します。
・ファイルが存在しなければ新規作成します (ファイルの直上までのディレクトリが存在しないとエラー)。

書式	fileオブジェクト.write(string)	
パラメーター	string	ファイルに書き込む文字列を指定します。

> **42-01** カレントディレクトリの「dics」➡「textfile.txt」に文字列を書き込む

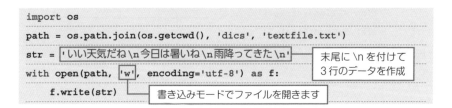

```
import os
path = os.path.join(os.getcwd(), 'dics', 'textfile.txt')
str = 'いい天気だね \n今日は暑いね \n雨降ってきた \n'       末尾に \n を付けて
                                                          3 行のデータを作成
with open(path, 'w', encoding='utf-8') as f:
    f.write(str)          書き込みモードでファイルを開きます
```

190

42-02 「textfile.txt」の中身

> いい天気だね
> 今日は暑いね
> 雨降ってきた

3行のデータが
書き込まれました。

●テキストファイルに文字列を追加する

ファイルを書き込みモード'w'で開いている場合にwrite()を実行すると、ファイルの既存の内容は破棄され、新しい文字列が書き込まれます（上書き）。既存の内容を保持したまま、新しい文字列を追加するには、ファイルを追加書き込みモード'a'で開いてからwrite()を実行します。

42-03 既存のファイルに文字列を追加する

```
str = '今日は寒いね\nお腹すかない？\n'        2行のデータを作成
with open(path, 'a', encoding='utf-8') as f:
        f.write(str)                          追加書き込みモードで
                                              ファイルを開きます
```

42-04 ファイルの追加書き込み

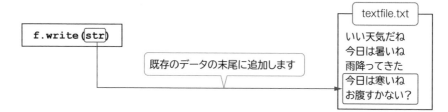

```
f.write(str)
```

既存のデータの末尾に追加します

textfile.txt

> いい天気だね
> 今日は暑いね
> 雨降ってきた
> 今日は寒いね
> お腹すかない？

06

ファイル操作

Column ファイルにリストを追加する

　writelines()メソッドを使って、リストに格納した文字列をファイルに追加することができます。

▼リストに格納した文字列をカレントディレクトリの「dics」➡「textfile.txt」に書き込む

```
import os                                          リストを作成
path = os.path.join(os.getcwd(), 'dics', 'textfile.txt')
list = ['いい天気だね', '今日は暑いね', '雨降ってきた']
with open(path, 'w', encoding='utf-8') as f:       書き込みモード
    list_n = [i + '\n' for i in list]
    f.writelines(list_n)          リスト要素の文字列末尾に改行文字
                                  を追加するための処理です
```

　このプログラム例では、リスト要素の文字列に改行文字を追加するために、「**リスト内包表記**」という記法でforループを実現しています。

▼リスト内包表記によるforループの処理

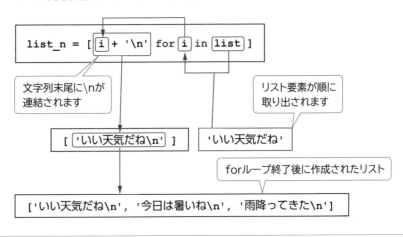

page 192

07

関数

　関数は、プログラミングにおいて同じ処理を何度も繰り
返す必要があるときや、特定の処理をまとめて管理したいと
きに役立ちます。

　関数を使うと、同じ処理を何度も書かなくても済みます。
何かの計算や文字列の処理が必要な場合、関数を使ってそれ
をまとめておけば、同じ処理が必要な箇所で関数を呼び出す
だけで済みます。また、プログラムが大きくなると、どこで
何をしているのかわかりにくくなりますが、関数を使うこと
で、特定の処理ごとにまとめることができ、プログラム全体
が理解しやすくなります。そのほかにも、プログラムの修正
や変更がしやすくなるなど、関数はプログラミングにとって
必要不可欠な存在です。

43 オリジナルの関数

これまで、Pythonの標準ライブラリに収録されている関数 (print()など) を何度か利用してきました。「関数名()」のように記述すると、対象の関数が実行され、何らかの処理が行われました。

●オリジナルの関数を作成する必要性

同じパターンの定型的な処理を繰り返し行う場合は、処理用のコードをまとめて関数にしてしまえば、同じコードを何度も書く必要がなくなります。一連の処理を行うコードを1つのブロックとし、これに名前を付けて管理できるようにしたのが「**関数**」です。関数は「名前の付いたコードブロック」なので、ソースファイル (または Notebook) のどこにでも書くことができます。ただし、同じソースファイルの中から呼び出して使う場合は、呼び出しを行うソースコードよりも上方の (先頭に近い) 行——Notebook では上方のセル——に書いておく必要があります。

●関数の定義

関数を作成することを「**関数の定義**」といいます。

43-01 【構文】関数の定義

```
def 関数名():
    # 関数のブロック
    # 何らかの処理を記述します
```

「**def**」は関数を定義するためのキーワードです。関数名のあとに空のカッコとセミコロン「():」を付けます。次行からが関数のブロックになり、インデントを入れて処理を記述します。

●関数の呼び出し

定義した関数を呼び出すには、「関数名()」と記述します。

43-02 【構文】関数の呼び出し

```
関数名()
```

▼関数の定義と呼び出し

```
def function_name():
    # 関数のブロック
    # 処理...
```

呼び出し

```
function_name()
```

「関数名()」で関数が呼び出され、関数のブロックのコードが
実行されます

Point 関数とメソッド

関数に似た仕組みとして**メソッド**があります。構造自体はどちらも同じで、書き方
のルールも同じです。ただし、メソッドはオブジェクトに対して実行するものなので、
「クラス」内部で定義することになります。

Point 関数名の付け方

関数名の先頭は英字かアンダースコア「_」でなければならず、英字、数字、「_」以外
の文字は使えません。関数名として複数の単語を組み合わせる場合は、「get_
number」のように単語間に「_」を入れる**スネークケース**を用いるのがルールです。

●オリジナルの関数を定義する

　オリジナルの関数として、サイコロを振るゲームのようなものを定義してみましょう。プレイヤーとプログラムを対戦者同士に見立て、「それぞれがサイコロを振って、出た目の数で勝敗を決める」処理を行います。

43-03 サイコロ振りゲームを実行する関数を定義

```python
import random

def play_game():
    player_score = random.randint(1, 6)
    program_score = random.randint(1, 6)
    print(f'プレイヤーのスコア：{player_score}')
    print(f'プログラムのスコア：{program_score}')
    if player_score > program_score:
        print('プレイヤーの勝利！')
    elif player_score < program_score:
        print('プログラムの勝利！')
    else:
        print('引き分け！')

play_game()
```

プレイヤーとプログラムのスコアとしてランダムに1〜6の数を生成し、擬似的にサイコロ振りを行います

プレイヤーのスコアが上回っていた場合

プログラムのスコアが上回っていた場合

上記以外は同点なので引き分けにします

関数を呼び出します

▼ 出力例

```
プレイヤーのスコア：6
プログラムのスコア：5
プレイヤーの勝利！
```

44 関数と戻り値

関数内部で処理した結果を呼び出し元に渡すことができます。これを「戻り値」と呼びます。

●戻り値を返す関数

関数内部の処理によっては、「内部の情報を呼び出し元に渡す」ことが必要になることがあります。このような場合は、関数内部に**return文**を配置します。

44-01 【構文】戻り値を返す関数の定義

```
def 関数名():
    # 関数のブロック
    # 何らかの処理を記述します
    return 戻り値
```

戻り値には文字列や数値などの**リテラル**（生のデータのこと）を直接、設定できますが、多くの場合、関数内で使われている変数を設定します。「何らかの処理結果を変数に代入しておき、これをreturnで返す」という使い方をします。

一方、戻り値を返す関数を呼び出す場合は、戻り値を受け取る変数を用意してから呼び出しを行います。

44-02 【構文】戻り値を返す関数を呼び出す

戻り値を格納する変数 ＝ 関数名()

「return 戻り値」の戻り値が変数に代入されます

●戻り値を返す関数を定義する

前の単元で作成したプログラムを例に、戻り値を返す関数を定義してみます。play_game()関数で行っていた「乱数を生成する処理」を、「6面のサイコロを振り、出た目を返す関数」として新しく定義します。

44-03 ゲームを実行する関数と乱数を生成する関数を別々に定義する

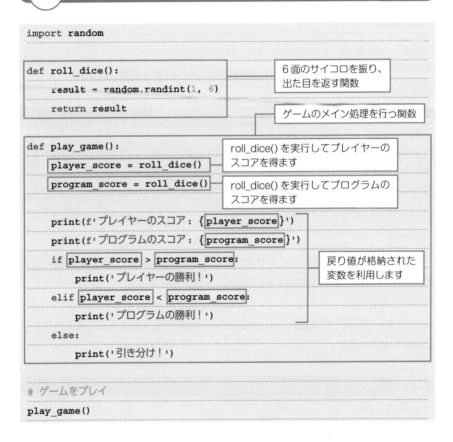

```
import random

def roll_dice():
    result = random.randint(1, 6)
    return result


def play_game():
    player_score = roll_dice()
    program_score = roll_dice()

    print(f'プレイヤーのスコア：{player_score}')
    print(f'プログラムのスコア：{program_score}')
    if player_score > program_score:
        print('プレイヤーの勝利！')
    elif player_score < program_score:
        print('プログラムの勝利！')
    else:
        print('引き分け！')

# ゲームをプレイ
play_game()
```

6面のサイコロを振り、出た目を返す関数

ゲームのメイン処理を行う関数

roll_dice()を実行してプレイヤーのスコアを得ます

roll_dice()を実行してプログラムのスコアを得ます

戻り値が格納された変数を利用します

▼ 出力例

プレイヤーのスコア：3

プログラムのスコア：5

プログラムの勝利！

(44-04) roll_dice()関数を呼び出して戻り値が返される流れ

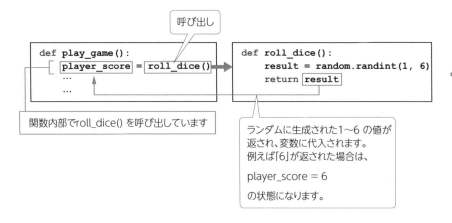

呼び出し

```
def play_game():
    player_score = roll_dice()
    …
    …
```

```
def roll_dice():
    result = random.randint(1, 6)
    return result
```

関数内部でroll_dice() を呼び出しています

ランダムに生成された1〜6 の値が
返され、変数に代入されます。
例えば「6」が返された場合は、

player_score = 6

の状態になります。

Column **ローカル変数**

　関数内部で定義した変数を「**ローカル変数**」と呼びます。ローカル変数は関数内部
でのみ有効で、関数の外部からアクセスすることはできません。例えばplay_game()
関数のローカル変数player_scoreを関数の外部で「print(player_score)」のように参
照しようとすると、エラーになります。これは、「**名前の衝突**」（変数名が重複すること）
によるエラーを防ぐための仕組みです。

45 関数と引数

関数名()の()は**「関数呼び出し演算子」**と呼ばれ、関数にデータを渡す働きをします。

●引数を受け取る関数

print()関数は、カッコ (関数呼び出し演算子) の中に書かれている文字列を画面に出力します。カッコの中に書かれた関数に渡す値が**「引数(ひきすう)」**です。一方、関数側では、引数として渡されたデータを**「パラメーター」**という変数を使って受け取ります。

45-01 【構文】関数の定義 (引数を受け取るタイプ)

```
def 関数名 (パラメーター1, パラメーター2, ...):
    # 関数のブロック
    # 何らかの処理を記述します
    return 戻り値
```

パラメーターは、カンマで区切ることで必要な数だけ設定できます

必要であれば return 文を記述します

45-02 【構文】関数に引数を渡す

```
関数名 (引数1, 引数2, ...)
```

引数は関数側のパラメーターの数と並び順に対応して設定します

関数側のパラメーターのことを「仮引数」、関数の呼び出し側で設定する引数のことを「実引数」と呼ぶこともあります。

関数を呼び出す側では実際のデータを渡すので「実引数」というわけですね。

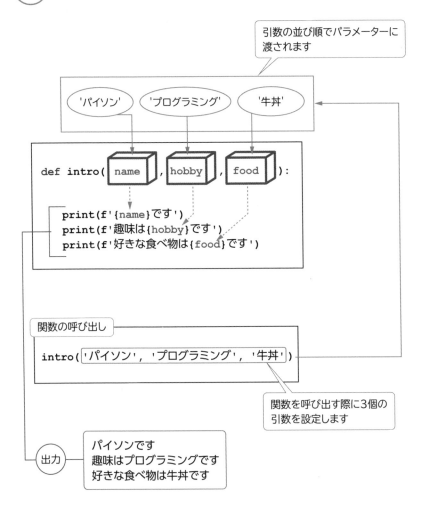

引数の並び順でパラメーターに
渡されます

```
def intro( name , hobby , food ):

    print(f'{name}です')
    print(f'趣味は{hobby}です')
    print(f'好きな食べ物は{food}です')
```

'パイソン' 'プログラミング' '牛丼'

関数の呼び出し

```
intro('パイソン', 'プログラミング', '牛丼')
```

関数を呼び出す際に3個の
引数を設定します

出力　パイソンです
　　　趣味はプログラミングです
　　　好きな食べ物は牛丼です

07

関数

●引数を名前付きで指定する

「引数は並べた順でパラメーターに渡される」のが基本ですが、パラメーター名を指定して「パラメーター名 = 値」のように記述すると、引数の並びに関係なく、目的のパラメーターに引数を渡すことができます。

45-04 関数呼び出し時に名前付きで引数が渡される流れ

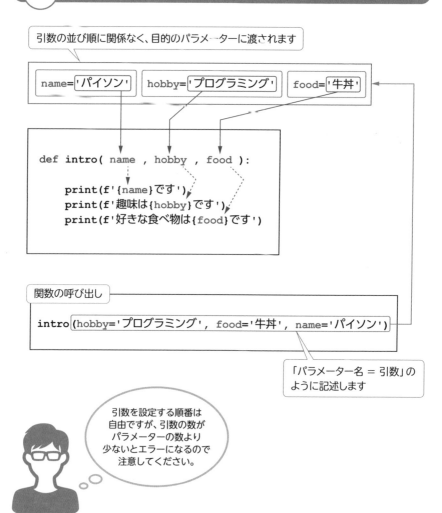

引数の並び順に関係なく、目的のパラメーターに渡されます

```
name='パイソン'    hobby='プログラミング'    food='牛丼'
```

```python
def intro( name , hobby , food ):

    print(f'{name}です')
    print(f'趣味は{hobby}です')
    print(f'好きな食べ物は{food}です')
```

関数の呼び出し

```python
intro(hobby='プログラミング', food='牛丼', name='パイソン')
```

「パラメーター名 = 引数」のように記述します

引数を設定する順番は自由ですが、引数の数がパラメーターの数より少ないとエラーになるので注意してください。

return文で複数の戻り値を返す

関数の戻り値をコレクションにすると、複数の値を呼び出し元に返すことができます。

●複数の戻り値を返す

関数のパラメーターにはリストやタプルなどの**コレクション**を渡すことができますが、それと同じように戻り値をコレクションにして、複数の値を返すことができます。

46-01 戻り値をタプルにする

```python
def intro(name, hobby, food):
    return f'{name}です', f'趣味は{hobby}です', f'好きな食べ物は{food}です'

intro('パイソン', 'プログラミング', '牛丼')
```

カンマで区切ると、タプルとして扱われます

▼出力
```
('パイソンです', '趣味はプログラミングです', '好きな食べ物は牛丼です')
```

Notebookの自動エコーで出力すると、戻り値がタプルになっていることが確認できます。

```
def intro(name, hobby, food):
    return [f'{name}です', f'趣味は{hobby}です', f'好きな食べ物は{food}です']

intro('パイソン', 'プログラミング', '牛丼')
```

ブラケットで囲んでリスト
にします

▼出力

```
['パイソンです', '趣味はプログラミングです', '好きな食べ物は牛丼です']
```

• **アンパック代入**

　Pythonの「**アンパック代入**」を使うと、戻り値のコレクションの要素を複数の変数にまとめて代入することができます。

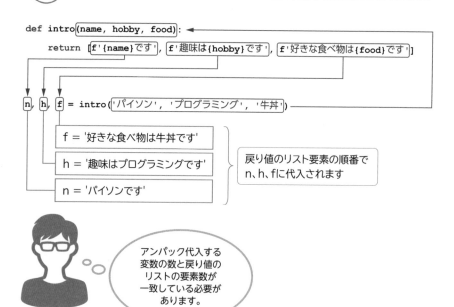

```
def intro(name, hobby, food):
    return [f'{name}です', f'趣味は{hobby}です', f'好きな食べ物は{food}です']

n, h, f = intro('パイソン', 'プログラミング', '牛丼')
```

f = '好きな食べ物は牛丼です'

h = '趣味はプログラミングです'

n = 'パイソンです'

戻り値のリスト要素の順番で
n、h、fに代入されます

アンパック代入する
変数の数と戻り値の
リストの要素数が
一致している必要が
あります。

47 パラメーターの既定値

関数のパラメーターは、事前に既定値を設定しておくことができます。

●デフォルトパラメーター

関数の処理内容によっては、「パラメーターが基本的に同じ値をとる」ことがあります。このような場合は関数を定義する際に、対象のパラメーターに既定値（デフォルト値）として任意の値を設定しておくことができます。これを「**デフォルトパラメーター（デフォルト引数）**」と呼びます。関数を呼び出す際、対象の引数指定を省略するとパラメーターのデフォルト値が使われ、省略せずに引数を指定した場合はパラメーターのデフォルト値が上書きされます。

47-01 パラメーターにデフォルト値を設定する

```python
def intro(hobby, food, name='匿名'):
    print(f'{name}です')
    print(f'趣味は{hobby}です')
    print(f'好きな食べ物は{food}です')


intro(hobby='プログラミング', food='牛丼')
```

パラメーター name にデフォルト値を設定します

「デフォルトパラメーターのあとに、デフォルト値のないパラメーターを配置してはいけない」という制約があるので、この位置に配置しています

パラメーターの位置が変わったので、名前付きで引数を指定しています。パラメーター name はデフォルト値が設定されているので、引数の指定を省略してもエラーにはなりません

▼実行結果

```
匿名です
趣味はプログラミングです
好きな食べ物は牛丼です
```

パラメーターのデフォルト値が使われています

48 可変長のパラメーター

1つのパラメーターに対して複数の値を引数として渡すと、渡された値の数に応じて
パラメーターが拡張する「**可変長のパラメーター**」について紹介します。

●パラメーターにコレクションを渡す

まずは、パラメーターにリストやタプルなどのコレクションを引数として渡す例を
見てみましょう。

48-01　パラメーターにタプルを渡す

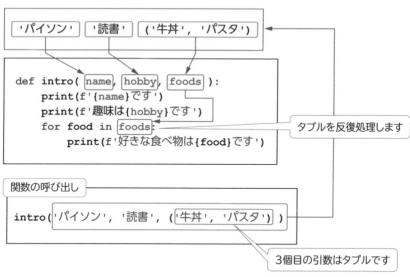

```
'パイソン'    '読書'    ('牛丼', 'パスタ')

def intro( name, hobby, foods ):
    print(f'{name}です')
    print(f'趣味は{hobby}です')
    for food in foods:        ← タプルを反復処理します
        print(f'好きな食べ物は{food}です')
```

関数の呼び出し
```
intro('パイソン', '読書', ('牛丼', 'パスタ'))
```
3個目の引数はタプルです

▼ 実行結果

パイソンです
趣味は読書です
好きな食べ物は牛丼です
好きな食べ物はパスタです

タプルで渡した値が使われています

●可変長のパラメーター（タプル型）

関数のパラメーター名の直前に「＊」を付けると、複数の値をまとめたタプルとして受け取れるようになります。

48-02 **【構文】可変長のパラメーター（タプル型）を配置した関数の定義**

```
def 関数名 ( パラメーター名, ..., *args ):
    # 関数のブロック
    # 何らかの処理を記述します
```

タプル型の場合は慣用的に「args」という名前が使われます

●可変長のパラメーター（タプル型）のポイント

・可変長のパラメーター（＊args）は、パラメーターの並びの最後に配置するのが一般的です。

・可変長のパラメーター（＊args）を他のパラメーターよりも先に配置することも可能ですが、その場合は関数呼び出しの際に＊args以降のパラメーターに対しては、名前付き引数「パラメーター名＝値」の形式で指定する必要があります。

・可変長のパラメーターに引数が渡されなかったときは、空のタプルが取得されます。

48-03 **【構文】可変長のパラメーター（タプル型）がある関数の呼び出し**

関数名 (引数, ..., ＊argsに渡す引数, ...)

＊args に渡す引数をカンマ区切りで記述します。記述した引数の数がタプルの要素数になります

＊args よりも前に配置されているパラメーターに渡す引数を記述します

48-04 可変長のパラメーター（タプル型）が配置された関数を定義する

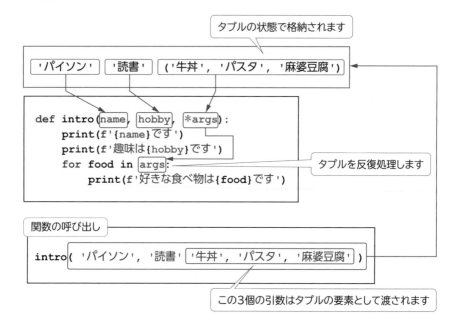

タプルの状態で格納されます

```
'パイソン'    '読書'    ('牛丼', 'パスタ', '麻婆豆腐')

def intro(name, hobby, *args):
    print(f'{name}です')
    print(f'趣味は{hobby}です')
    for food in args:
        print(f'好きな食べ物は{food}です')
```

タプルを反復処理します

関数の呼び出し

```
intro('パイソン', '読書', '牛丼', 'パスタ', '麻婆豆腐')
```

この3個の引数はタプルの要素として渡されます

▼ 出力

パイソンです
趣味は読書です
好きな食べ物は牛丼です
好きな食べ物はパスタです
好きな食べ物は麻婆豆腐です

●可変長のパラメーター（辞書型）

関数のパラメーター名の直前に「*」を2つ「**」を付けると、複数の値をまとめた辞書型（dict型）として受け取れるようになります。

48-05 【構文】可変長のパラメーター（dict型）を配置した関数の定義

```
def 関数名 (パラメーター名, ..., **kwargs):
    # 関数のブロック
    # 何らかの処理を記述します
```

> dict型の場合は慣用的に
> 「kwargs」という名前が
> 使われます

●可変長のパラメーター（dict型）のポイント

・可変長のパラメーター（**kwargs）はパラメーターの並びの最後に配置するのが一般的です。

・他のパラメーターよりも先に配置することも可能ですが、その場合は関数呼び出しの際に**kwargs以降のパラメーターに対しては、名前付き引数「パラメーター名＝値」の形式で指定します。

・可変長パラメーターに引数が渡されなかったときは、空の辞書が取得されます。

48-06 【構文】可変長のパラメーター（dict型）がある関数の呼び出し

```
関数名 ( 引数, ..., キー=値, ... )
```

> **kwargs に渡す引数を、
> 「キー＝値」
> の形式で、カンマで区切って
> 必要な数だけ記述します

> **kwargs よりも前に配置されている
> パラメーターに渡す引数を記述します

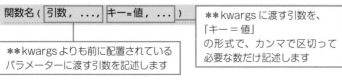

> **kwargsに対応する
> 位置に「キー＝値」を
> 記述すると辞書の要素に
> なる、という仕組みです。

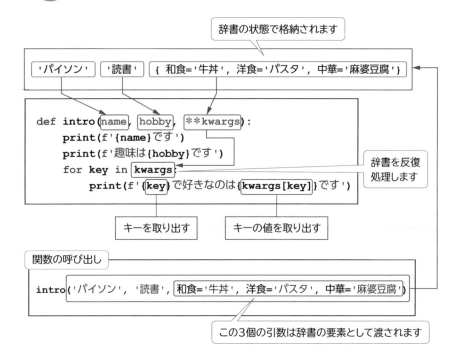

辞書の状態で格納されます

'パイソン' '読書' { 和食='牛丼', 洋食='パスタ', 中華='麻婆豆腐' }

```
def intro(name, hobby, **kwargs):
    print(f'{name}です')
    print(f'趣味は{hobby}です')
    for key in kwargs:
        print(f'{key}で好きなのは{kwargs[key]}です')
```

辞書を反復
処理します

キーを取り出す　　　　キーの値を取り出す

関数の呼び出し

```
intro('パイソン', '読書', 和食='牛丼', 洋食='パスタ', 中華='麻婆豆腐')
```

この3個の引数は辞書の要素として渡されます

▼ 出力

パイソンです
趣味は読書です
和食で好きなのは牛丼です
洋食で好きなのはパスタです
中華で好きなのは麻婆豆腐です

49 グローバル変数

「**グルーバル変数**」とは、モジュールの直下で定義した変数のことです。これまで
Notebookを用いていましたが、ここではVSCodeの「エディター」を用いてプログラ
ミングを行います。

●グローバル変数の有効範囲

前に、関数内で定義された変数は「**ローカル変数**」と呼ばれ、定義された関数内で
のみ有効であることをお話ししました。これに対し、モジュールの直下で定義された
変数のことを「グローバル変数」と呼びます。グローバル変数は、モジュール全体で
有効です。

49-01 グローバル変数とローカル変数の有効範囲（スコープ）

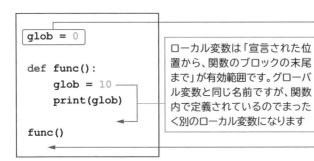

```
glob = 0

def func():
    glob = 10
    print(glob)

func()
```

ローカル変数は「宣言された位
置から、関数のブロックの末尾
まで」が有効範囲です。グローバ
ル変数と同じ名前ですが、関数
内で定義されているのでまった
く別のローカル変数になります

グローバル変数は
「宣言された位置
から、モジュール末
尾まで」が有効範
囲になります

このプログラムを
実行すると、グローバル
変数globの「0」ではなく、
ローカル変数globの値
「10」が出力されます。

●グローバル変数を使ったプログラム

グローバル変数の機能がわかるようなシンプルなプログラムを作ってみます。

49-02 グローバル変数を定義し、操作するプログラム（モジュール）

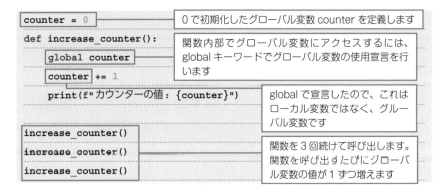

事前に仮想環境のPythonインタープリターを選択しておきましょう。VSCodeの**実行とデバッグ**パネルを表示し、**実行とデバッグ**ボタンをクリックすると、**ターミナル**が開いて次のように出力されます。

▼ 出力 (ターミナル)

Column　モジュールの検索

import文を記述するモジュールと同じディレクトリに、インポートしたいモジュールが存在する場合は、「import モジュール名」のようにモジュール名を記述するだけで済みます。これは、モジュールの検索が同じディレクトリから始まり、存在しない場合はPython本体の所定の場所（ライブラリの保存場所）が検索されるためです。

50 モジュールのインポート

　これまでに何度か、標準ライブラリのモジュールをインポート（読み込み）して利用したことがありました。ここでは、独自に作成したモジュールで関数を定義し、それを別のモジュールでインポートして関数を実行する方法を紹介します。

●importでモジュールを読み込む

　import文を記述すると、別のモジュール（拡張子「.py」）で定義された関数を読み込んで利用することができます。

50-01 【構文】モジュールのインポート

```
import モジュール名
```
この行以降では、「モジュール名.関数名 ()」で関数を呼び出せます

50-02 【構文】モジュールをインポートして短縮名で使う

```
import モジュール名 as 短縮名
```
この行以降では、「短縮名.関数名 ()」で関数を呼び出せます

50-03 【構文】モジュールから特定の関数だけをインポートする

```
from モジュール名 import 関数名
```
直接、関数をインポートするので、この行以降では「関数名 ()」で呼び出せます

●モジュールで定義された関数をインポートして実行する

ここでは例として、「increase.py」と「program.py」の2つのモジュールを同一の
ディレクトリに作成しました。

50-04 VSCodeの［エクスプローラー］で対象のディレクトリを開いたところ

「increase.py」を開いて、前の単元で使ったincrease_counter()関数と同じもの
をグローバル変数と一緒に定義します。

50-05 インポートを前提としたモジュール (increase.py)

```
counter = 0
def increase_counter():
    global counter
    counter += 1
    print(f"カウンターの値：{counter}")
```

モジュールを保存したら、「program.py」を開いて次のように記述します。

50-06 increase.pyをインポートしてincrease_counter()関数を3回実行する
(program.py)

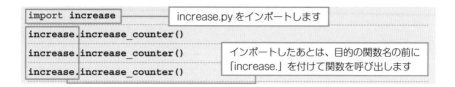

VSCodeの**実行とデバッグ**パネルの**実行とデバッグ**ボタンをクリックして「program.py」を実行してみましょう。「increase.py」がインポートされ、increase_counter()関数の処理結果が**ターミナル**に出力されます。

▼ 出力 (ターミナル)

カウンターの値：1

カウンターの値：2

カウンターの値：3

「import increase」と記述した場合は、関数呼び出しの際に「モジュール名.関数名()」と書いて関数を実行します。モジュール名を短縮した名前で指定できるようにするには、次のように記述します。

50-07 インポートしたモジュールを短縮名で使う

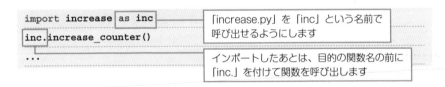

```
import increase as inc
inc.increase_counter()
...
```

「increase.py」を「inc」という名前で呼び出せるようにします

インポートしたあとは、目的の関数名の前に「inc.」を付けて関数を呼び出します

最後に、モジュールから関数を直接、インポートする例です。

50-08 モジュールから関数を直接、インポートする

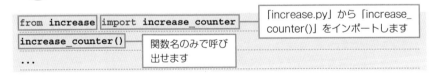

```
from increase import increase_counter
increase_counter()
...
```

「increase.py」から「increase_counter()」をインポートします

関数名のみで呼び出せます

まだあるPythonの便利な関数

　Pythonには、プログラミングを便利にする特殊な関数が用意されています。さらなるステップアップのために、簡単な概要を紹介します。

● **高階関数**

　高階関数は、他の関数を引数として受け取ったり、他の関数を戻り値として返したりする関数です。これにより、関数をより柔軟に扱うことができます。

● **無名関数**

　無名関数は、「ラムダ式」と呼ばれる記法で書かれた、名前のない簡潔な関数です。主に高階関数やリスト内包表記などで使用されます。

● **クロージャ**

　クロージャは、関数内で定義された特殊な関数です。クロージャを使用することで、内部関数が外部関数のローカル変数にアクセスできるようになります。関数間の呼出（コールバック）に使われたりします。

● **ジェネレーター**

　反復可能な要素を生成するイテレーターを作成する関数のことです。ジェネレーター関数は、呼び出されるたびに一度に1つの値を生成します。

● **デコレーター**

　関数ではありませんが、既存の関数やメソッドに機能を追加したり、動作を変更するために使われます。次章において、一部のデコレーターについて紹介しています。

08

オブジェクト指向
プログラミング

オブジェクト指向プログラミング (OOP) は、プログラミングの考え方や手法の1つで、現実世界の物事をモデル化し、それをプログラムで扱うアプローチです。何やら難解なイメージですが、オブジェクト指向プログラミングの「クラス」や「継承」、「オーバーライド」について知ることで、驚くほど柔軟で効率的なプログラミングが行えるようになります。

この章では、これらの要素を一つひとつ丁寧に見ていくことで、Pythonにおけるオブジェクト指向プログラミングの理解を目指します。

Pythonでは、プログラムで扱うすべてのデータを「オブジェクト」として扱います。ここでは、オブジェクトを生成する「クラス」について見ていきます。

●オブジェクトとインスタンス

上述のとおり、Pythonはプログラムで扱うすべてのデータをオブジェクトとして扱います。文字列はstr型、整数の値はint型のオブジェクトですし、リストはlist型のオブジェクト、ディクショナリ（辞書）はdict型のオブジェクトです。

> 関数もオブジェクトとして扱われます。

とても抽象的すぎてイメージしにくいところですが、オブジェクトの実体は「メモリ上に展開されたデータ」です。

51-01 オブジェクトのイメージ

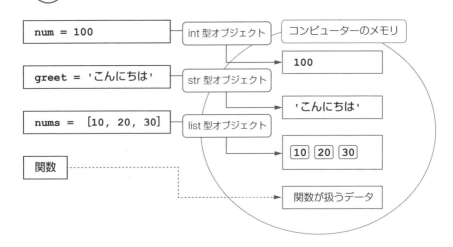

図の中で関数だけが
点線になっているのは、
なぜでしょうか？

関数は、実行されるまでは
メモリにデータが
読み込まれないことを
示しているのです。

08

　int型は「int型オブジェクト」、str型は「str型オブジェクト」、list型は「list型オブジェクト」のように、「〜型オブジェクト」の形で言い表されています。これは「**クラス**」と呼ばれるコードブロックから作成されたオブジェクトであることを示しています。クラスから作られたオブジェクトのことを特に「**インスタンス**」と呼びます。int型は「intクラス」、str型は「strクラス」のように、Pythonの標準ライブラリの中に対応するクラスが収録されています。

●インスタンスの実体

　インスタンスの特徴をまとめると、次のようになります。

・「クラスを実行することで作成されるメモリ上のデータ」のことを「インスタンス」と呼びます。
・「num = 100」とすると、intクラスから生成されたインスタンスが変数numに格納されますが、値の100が直接格納されるのではなく、メモリ上のインスタンスのメモリアドレス (id) が格納されます。

箇条書きの
2つ目の「変数にメモリ
アドレスが格納……」って
どういうことでしょう？

オブジェクト指向プログラミング

219

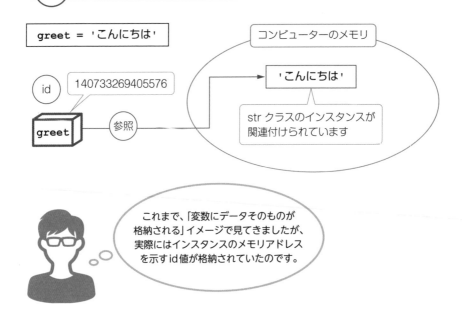

`greet = 'こんにちは'`

コンピューターのメモリ

id 140733269405576

参照

greet

'こんにちは'

str クラスのインスタンスが
関連付けられています

これまで、「変数にデータそのものが
格納される」イメージで見てきましたが、
実際にはインスタンスのメモリアドレス
を示すid値が格納されていたのです。

ここで1つ、実験してみましょう。

51-03 リストの操作

```
nums =[10, 20, 30]
```
要素数3のリストを作成して nums に代入します

```
n = nums
```
nums を n に代入します

```
n[0] = 50
```
リストの先頭要素を書き換えます

```
print(nums)
```
元のリスト nums を出力します

▼ 出力

```
[50, 20, 30]
```

numsの要素まで
書き換えられて
いますね…。

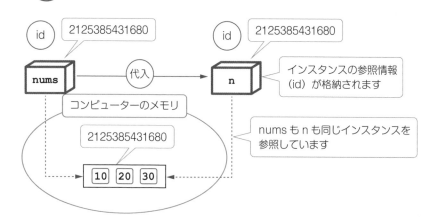

id　2125385431680

id　2125385431680

nums　—（代入）→　**n**

インスタンスの参照情報
（id）が格納されます

コンピューターのメモリ

2125385431680

10　20　30

nums も n も同じインスタンスを
参照しています

08

オブジェクト指向プログラミング

numsもnも
同じインスタンスを
参照していたのですね。

基本的に、インスタンスの代入では、
参照情報を渡すことになります。
これは処理を効率化するための
措置ですが、文字列や数値のように1個の
データを格納した変数を別の変数に代入した
場合は、新しいインスタンスが生成されて、
参照情報ではなくデータそのものが
渡されます。

「int型やstr型のように
単一のデータを保持している
変数であれば、データそのものが
渡される」という理解で
いいのですね。

52 オブジェクト製造器（クラス）

前の単元では、「オブジェクト（インスタンス）はクラスから作成される」ことをお話ししました。これだけでは意味がよくわかりませんので、実際にクラスを作成してインスタンスを生成する過程を見ていくことにしましょう。

●クラスの定義

クラスを作成することを「**クラスの定義**」と呼びます。クラスは関数と同様に、モジュールに記述して定義できます。Notebookでクラスの定義を行うこともできますが、一般的ではありません。

クラスはモジュールに記述して保存しておくのが基本です。

52-01 【構文】クラスの定義

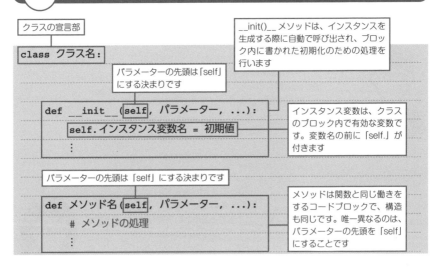

クラスの宣言部

```
class クラス名：

    def __init__(self, パラメーター, ...)：
        self.インスタンス変数名 = 初期値
        ：

    def メソッド名(self, パラメーター, ...)：
        # メソッドの処理
        ：
```

パラメーターの先頭は「self」にする決まりです

__init()__ メソッドは、インスタンスを生成する際に自動で呼び出され、ブロック内に書かれた初期化のための処理を行います

インスタンス変数は、クラスのブロック内で有効な変数です。変数名の前に「self.」が付きます

パラメーターの先頭は「self」にする決まりです

メソッドは関数と同じ働きをするコードブロックで、構造も同じです。唯一異なるのは、パラメーターの先頭を「self」にすることです

●説明

• def __init__(self, パラメーター, ...):

　__init__() (initの前後は2つの「_」〈ダブルアンダースコア〉) は、インスタンス化 (クラスからインスタンスを生成すること) の際に自動で呼び出されるメソッドです。ブロックにはインスタンス化の際に済ませておきたい処理 (インスタンス変数の初期化など) を記述します。なお、インスタンス化の際にやるべき処理がない場合は、__init()__ の定義を省略できます。

• self

　クラスで定義されたメソッドは、「クラスから生成したインスタンス.メソッド名()」のように記述して呼び出します (__init__()を除く)。そこで、クラス内部で定義されたメソッドは、実行元のインスタンスを取得するパラメーターを、第1パラメーター (先頭) として設定することが定められています。パラメーター名は何でもよいのですが、慣用的に「**self**」が使われます。

• self.インスタンス変数名 = 初期値

　クラス内部で有効な変数のことを「**インスタンス変数**」と呼びます。クラス内部で有効ということは、クラスから生成された「インスタンスに対して有効」ということです。このため、インスタンス変数を参照する際は、冒頭に「self.」を付けてから変数名を記述します。「.」は参照演算子です。

• def メソッド名(self, パラメーター, ...):

　メソッドの宣言部です。メソッドは関数と同じ構造で定義されますが、唯一、第1パラメーターに「インスタンスを取得するもの」を配置する点が異なります。

Point **__init__() メソッドの別名**

　__init__() メソッドは、オブジェクトの初期化処理を行うことから、オブジェクト指向プログラミングに対応した他の言語 (Javaなど) と同様に、「**コンストラクター**」という呼び方をされることがあります。

●クラスのインスタンス化

　クラスを呼び出して、クラスのオブジェクトを生成する「**インスタンス化**」は、次のように記述します。

52-02 【構文】クラスのインスタンス化

参照変数名 = クラス名()

__init__() メソッドに self 以外のパラメーターが設定されている場合は、( ) の中に引数を設定します

変数にはクラスから生成されたインスタンスの参照情報 (id) が代入されます

「クラス名()」と書くと、クラスのインスタンスが生成され、インスタンスの参照情報 (id) が返される仕組みです。

52-03 【構文】メソッドの呼び出し

参照変数名 . メソッド名 (引数, ...)

メソッドに self 以外のパラメーターが設定されている場合は、( ) の中に引数を設定します

参照演算子「.」を使って、参照変数に格納されているインスタンスの id を参照します

メソッドはインスタンスから実行するのが関数と異なる点ですね。

●独自のクラスを定義する

さっそくオリジナルのクラスを定義したいところですが、クラスがどのようなものなのかがわかるように、07章の最後に使用したincrease_counter()が定義されたモジュールの内容を、クラスとして定義することにします。

52-04　increase_counter()関数が定義されたモジュールの内容 (increase.py)

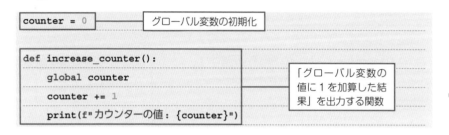

```
counter = 0          ── グローバル変数の初期化

def increase_counter():
    global counter                  ──「グローバル変数の
    counter += 1                       値に1を加算した結
    print(f"カウンターの値：{counter}")    果」を出力する関数
```

●新規モジュールを作成してincreaseクラスを定義する

このモジュールと同じディレクトリに、新規のモジュール「increaseclass.py」を作成し、increaseクラスを定義します。

52-05　increaseクラスの定義 (increaseclass.py)

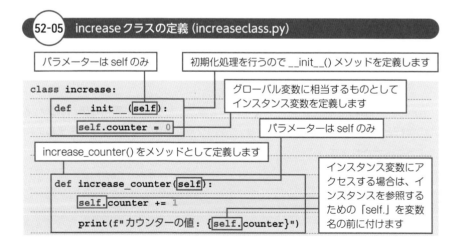

```
                パラメーターは self のみ      初期化処理を行うので __init__() メソッドを定義します

class increase:                        グローバル変数に相当するものとして
    def __init__(self):                インスタンス変数を定義します
        self.counter = 0
                                       パラメーターは self のみ
    increase_counter() をメソッドとして定義します

    def increase_counter(self):                インスタンス変数にア
        self.counter += 1                       クセスする場合は、イ
        print(f"カウンターの値：{self.counter}")    ンスタンスを参照する
                                                ための「self.」を変数
                                                名の前に付けます
```

●プログラム実行用のモジュールを作成する

　専用のモジュールでクラスを定義しましたので、プログラムの実行用のモジュールを作成し、インポートして利用することにしましょう。同時に、関数を定義したモジュールもインポートし、関数を実行したときとメソッドを実行したときの結果を比較してみることにします。

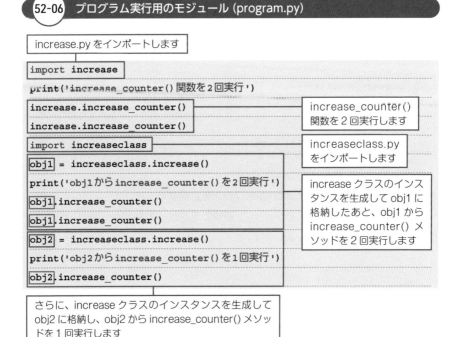

52-06 プログラム実行用のモジュール (program.py)

increase.py をインポートします

```
import increase
print('increase_counter()関数を2回実行')
increase.increase_counter()
increase.increase_counter()
import increaseclass
obj1 = increaseclass.increase()
print('obj1からincrease_counter()を2回実行')
obj1.increase_counter()
obj1.increase_counter()
obj2 = increaseclass.increase()
print('obj2からincrease_counter()を1回実行')
obj2.increase_counter()
```

increase_counter()
関数を2回実行します

increaseclass.py
をインポートします

increase クラスのインスタンスを生成して obj1 に格納したあと、obj1 から increase_counter() メソッドを2回実行します

さらに、increase クラスのインスタンスを生成して obj2 に格納し、obj2 から increase_counter() メソッドを1回実行します

　「program.py」をVSCodeの**エディター**で表示した状態で、**実行とデバッグ**パネルの**実行とデバッグ**ボタンをクリックしてプログラムを実行すると、**ターミナル**に次のように出力されます。

▼出力（ターミナル）

```
increase_counter()関数を2回実行
```

| カウンターの値：1 |
| カウンターの値：2 |

関数の場合は実行するたびにグローバル変数の値が1ずつ増えます

```
obj1からincrease_counter()を2回実行
```

| カウンターの値：1 |
| カウンターの値：2 |

メソッドの場合も実行するたびにインスタンス変数の値が1ずつ増えます

```
obj2からincrease_counter()を1回実行
```

| カウンターの値：1 |

新たに生成したインスタンスからメソッドを実行すると、1から開始します

52-07 関数の実行とインスタンスごとに実行されるメソッドのイメージ

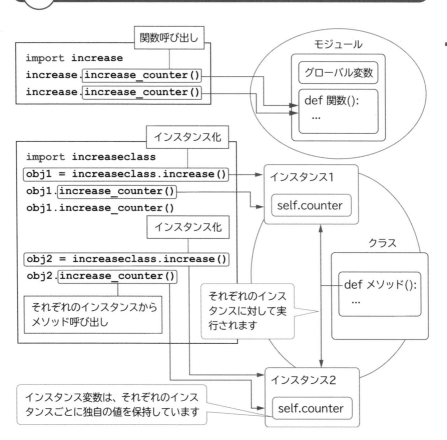

08

オブジェクト指向プログラミング

53 クラスの継承

あるクラスの定義内容をそのまま引き継いで別のクラスを作ることができます。これを「継承」と呼びます。継承は、オブジェクト指向プログラミングの重要かつベースとなるテクニックです。

●クラスの「継承」とは

クラスAを受け継いだクラスBがあったとき「BはAを継承している」と表現され、Aのオブジェクトでできることは、Bのオブジェクトでもできることが保証されます。AとBの継承関係において、AはBの**スーパークラス**、BはAの**サブクラス**と呼ばれます。

53-01 スーパークラスとサブクラスの定義

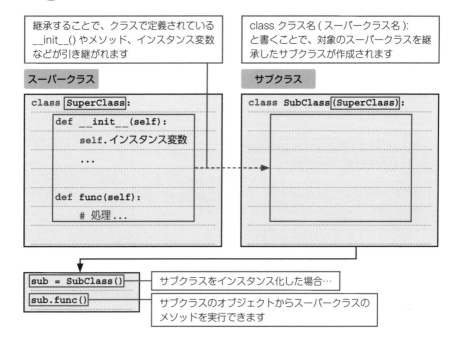

継承することで、クラスで定義されている__init__()やメソッド、インスタンス変数などが引き継がれます

class クラス名 (スーパークラス名):
と書くことで、対象のスーパークラスを継承したサブクラスが作成されます

スーパークラス

```
class SuperClass:
    def __init__(self):
        self.インスタンス変数
        ...

    def func(self):
        # 処理...
```

サブクラス

```
class SubClass(SuperClass):
```

```
sub = SubClass()
sub.func()
```

サブクラスをインスタンス化した場合…

サブクラスのオブジェクトからスーパークラスのメソッドを実行できます

先の図にもありますが、クラスを継承したサブクラスは次のように記述します。サブクラスは、基本的にスーパークラスと同じモジュールで定義します。

53-02 【構文】サブクラスの定義 (宣言部)

```
class サブクラス名 (スーパークラス名):
```

サブクラス名に続けて ( ) の中に継承元のクラス名を記述すると、そのクラスを継承したサブクラスになります

53-03 サブクラスのオブジェクト

サブクラスのオブジェクト（インスタンス）からスーパークラスで定義されているメソッドなどを問題なく実行できます。

| サブクラスのオブジェクト | → 呼び出し → | スーパークラスのインスタンス変数やメソッドなど | ＋ | サブクラスで定義されたインスタンス変数やメソッドなど |

オブジェクト指向プログラミング

Point そもそも継承の目的って何？

　オブジェクト指向プログラミングは、大規模なプログラムの開発を念頭に、保守や再利用を容易にすることを目的に考案されたプログラミング技術です。保守や再利用を容易にするには、「プログラムをできるだけ部品化し、独立性を高める」ことが必要ですが、これを実現するのがクラスです。

　ただ、プログラムの規模が大きくなると、次第にクラスの数が増え、コードの量も増えていきます。中には、複数のクラスに同じ処理を行うコードが書かれている場合もあり、これでは保守の面でも問題です。そこで、共通部分を 1 つのクラスにまとめることで、コードの重複を排除し、整理するのが「継承」の目的です。

● オーバーライド

単にクラスを継承して中身が同じものを2つ用意すること自体には、あまり意味があ りません。実は、継承の重要なポイントは「サブクラスがスーパークラスの機能の 一部を書き換えることができる」ことにあります。具体的には、メソッドの中身の書 き換え (再定義) です。これを「**メソッドのオーバーライド**」と呼びます。

53-04 【構文】メソッドのオーバーライド

```
class サブクラス名(スーパークラス名):
    def オーバーライドするメソッド名(self, パラメーター, ...)
        # 独自の処理を記述します...
```

selfを含めて、パラメーターの並びはスーパークラス のメソッドと同じであることが必要です

●【用語解説】オーバーライド

スーパークラスを継承してサブクラスを作成すると、スーパークラスで定義され ているメソッドを定義し直すこと (**オーバーライド**) ができます。サブクラスの数が 増えてくると、似たような処理を行いつつ、細部が少しずつ異なるメソッドがいくつ も定義される場合があります。基本的な処理は同じなのに名前の異なるメソッドが あると、メソッド名を識別するのも大変ですし、名前の衝突という問題も起きかねま せん。何より、コードの保守性や開発効率の点で問題です。このような問題を解決す るのがオーバーライドの目的です。

●オーバーライドのメリット
・複数のメソッド名を定義したり覚えたりする必要がなくなるので、開発効率とコー ドの保守性が向上します。
・1つのメソッド名で、そのオブジェクトのクラスに応じて、適切な処理 (メソッド) を実行できます。

サブクラスのメソッドが
呼び分けられるイメージを
図にしてみました。

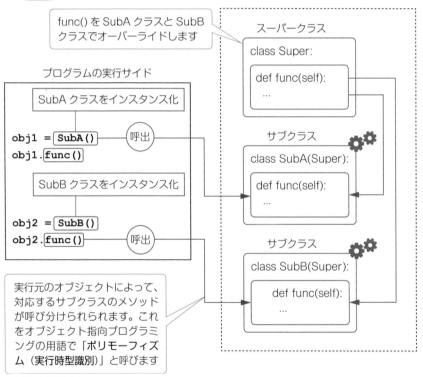

func() を SubA クラスと SubB
クラスでオーバーライドします

スーパークラス

class Super:

   def func(self):
      ...

プログラムの実行サイド

SubA クラスをインスタンス化

`obj1` = `SubA()` 呼出
`obj1`.`func()`

SubB クラスをインスタンス化

`obj2` = `SubB()`
`obj2`.`func()` 呼出

サブクラス

class SubA(Super):

   def func(self):
      ...

サブクラス

class SubB(Super):

   def func(self):
      ...

実行元のオブジェクトによって、
対応するサブクラスのメソッド
が呼び分けられられます。これ
をオブジェクト指向プログラミ
ングの用語で「**ポリモーフィズ
ム（実行時型識別）**」と呼びます

08

オブジェクト指向プログラミング

クラスの継承とオーバーライドを用いたプログラムの例として、チャットボットプログラムの開発を行います。

●2つのサブクラスを用意し、メソッドをランダムに呼び分ける

チャットボットのプログラムとして、プログラム実行用のモジュールとクラス用のモジュールを作成します。

54-01 チャットボットプログラムの構造

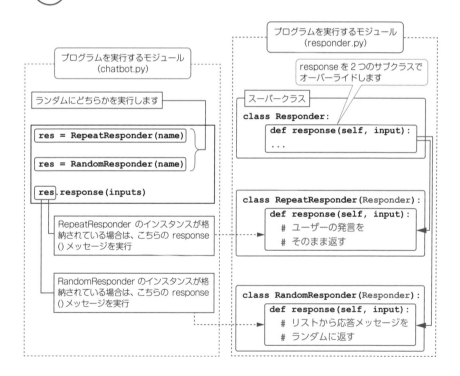

● 「responder.py」を作成してクラスを定義する

「responder.py」では、スーパークラス「Responder」、サブクラスとして「RepeatResponder」、「RandomResponder」を定義します。

 54-02 Responder、RepeatResponder、RandomResponder の定義 (responder.py)

スーパークラス

初期化処理として、インスタンス化の際に渡された引数 name（ユーザー名が格納されている）をインスタンス変数 name に代入します

```python
import random


class Responder:

    def __init__(self, name):

        self.name = name

    def response(self, input):

        return ''


class RepeatResponder(Responder):

    def response(self, input):

        return f'{self.name}さん、{input}ってどういうこと？'


class RandomResponder(Responder):

    def __init__(self, name):

        super().__init__(name)

        self.responses = [
            '今日はいい天気ですね', 'あ、雨降ってきた', '何だか寒いですね',
            'もうそろそろですね', 'なるほど、botもそう思います！']

    def response(self, input):

        return random.choice(self.responses)
```

オーバーライドされることを前提にしたメソッドです。空の文字列を返す処理しか行いません

パラメーター input で、ユーザーの発言（入力された文字列）を受け取ります

response() をオーバーライドして、ユーザーが入力した文字列をアレンジして、そのまま返す処理を記述します

__init__() をオーバーライドした場合は、super() を使ってスーパークラスの __init__() を実行することが必要です。その際に、パラメーターを引数にして渡します

response() をオーバーライドします。リスト responses から応答文をランダムに 1 個取り出し、戻り値として返します

__init__() をオーバーライドして、インスタンス変数に応答文のリストを格納する処理を記述します

●「chatbot.py」を作成し、プログラムの実行用のコードを記述する

　同じディレクトリに「chatbot.py」を作成し、プログラムの実行用のコードを記述します。サブクラスをインスタンス化する処理はget_response()関数にまとめ、対話処理はwhileループを用いて実行します。

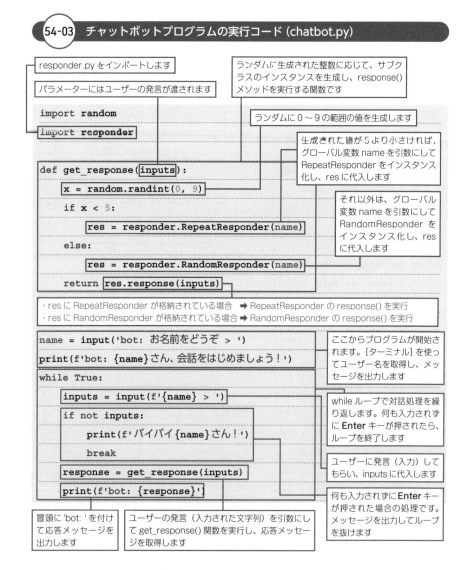

54-03 チャットボットプログラムの実行コード (chatbot.py)

responder.py をインポートします

パラメーターにはユーザーの発言が渡されます

ランダムに生成された整数に応じて、サブクラスのインスタンスを生成し、response() メソッドを実行する関数です

ランダムに 0 ～ 9 の範囲の値を生成します

生成された値が 5 より小さければ、グローバル変数 name を引数にして RepeatResponder をインスタンス化し、res に代入します

それ以外は、グローバル変数 name を引数にして RandomResponder をインスタンス化し、res に代入します

```python
import random
import responder

def get_response(inputs):
    x = random.randint(0, 9)
    if x < 5:
        res = responder.RepeatResponder(name)
    else:
        res = responder.RandomResponder(name)
    return res.response(inputs)
```

・res に RepeatResponder が格納されている場合 ➡ RepeatResponder の response() を実行
・res に RandomResponder が格納されている場合 ➡ RandomResponder の response() を実行

```python
name = input('bot: お名前をどうぞ > ')
print(f'bot: {name}さん、会話をはじめましょう！')
while True:
    inputs = input(f'{name} > ')
    if not inputs:
        print(f'バイバイ{name}さん！')
        break
    response = get_response(inputs)
    print(f'bot: {response}')
```

ここからプログラムが開始されます。[ターミナル] を使ってユーザー名を取得し、メッセージを出力します

while ループで対話処理を繰り返します。何も入力されずに Enter キーが押されたら、ループを終了します

ユーザーに発言（入力）してもらい、inputs に代入します

何も入力されずに Enter キーが押された場合の処理です。メッセージを出力してループを抜けます

冒頭に 'bot: ' を付けて応答メッセージを出力します

ユーザーの発言（入力された文字列）を引数にして get_response() 関数を実行し、応答メッセージを取得します

「chatbot.py」を**エディター**で表示した状態で、**実行とデバッグ**パネルの**実行とデバッグ**ボタンをクリックしてプログラムを実行してみます。次に示すのは、実行結果の例です。

▼ 出力例（ターミナル）

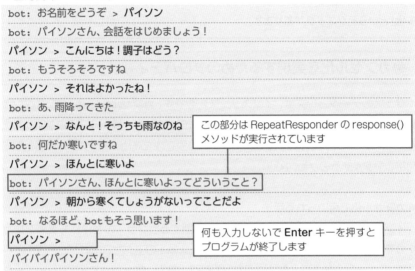

bot：お名前をどうぞ ＞ パイソン

bot：パイソンさん、会話をはじめましょう！

パイソン ＞ こんにちは！調子はどう？

bot：もうそろそろですね

パイソン ＞ それはよかったね！

bot：あ、雨降ってきた

パイソン ＞ なんと！そっちも雨なのね

> この部分は RepeatResponder の response() メソッドが実行されています

bot：何だか寒いですね

パイソン ＞ ほんとに寒いよ

bot：パイソンさん、ほんとに寒いよってどういうこと？

パイソン ＞ 朝から寒くてしょうがないってことだよ

bot：なるほど、botもそう思います！

パイソン ＞

> 何も入力しないで **Enter** キーを押すとプログラムが終了します

バイバイパイソンさん！

※ボットの応答を赤字にしています。

未入力にしない限り、チャットは続きます…。

55 カプセル化

オブジェクト指向プログラミングには、クラスで使用するデータを保護する「**カプセル化**」というテクニックがあります。

●カプセル化を実現するためのプロパティ

クラスのデータといえば、インスタンス変数です。カプセル化では、インスタンス変数へのアクセスを制限することで、予期せぬデータに書き換えられるのを防止します。クラスのデータを保護することでクラスの独立性を高め、プログラム部品として利用しやすくするのが目的です。

● カプセル化で用いられる手法

インスタンス変数へのアクセスを完全に遮断するとクラスの動作にも支障をきたすので、カプセル化を行う際は、インスタンス変数へのアクセスをメソッド経由とします。このメソッドのことを特に「**プロパティ**」と呼び、**@property デコレーター**を使って値の取得用プロパティ(「**ゲッター**」と呼ばれる)を、また**@setter デコレーター**を使って値の設定用プロパティ(「**セッター**」と呼ばれる)を、それぞれ定義します。

55-01 【構文】プロパティ(ゲッター)の定義

```
@property
def プロパティ名(self):
    return self.インスタンス変数名
```

55-02 【構文】プロパティ（セッター）の定義（プロパティ名はゲッターと共通）

```
@プロパティ名.setter
def プロパティ名(self, パラメーター):
    self.インスタンス変数名 = パラメーター
```

プロパティ名はゲッターと共通です

プロパティにセットする値を
パラメーターで取得します

55-03 【構文】プロパティの参照（値の取得）

インスタンスを格納した変数 . プロパティ名

55-04 【構文】プロパティに値をセットする

インスタンスを格納した変数 . プロパティ名 = 値

08

オブジェクト指向プログラミング

55-05 プロパティによるカプセル化のイメージ

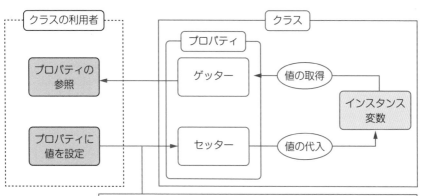

インスタンス変数には、プロパティを介して間接的にアクセスします

セッターには、インスタンス変数に
代入する値を事前にチェックする処理を
書いておくこともできます。

●プロパティを用いたプログラムの作成

プロパティを用いて、円の面積を求めるプログラムを作成してみます。

55-06 円の面積を計算する Circle クラスの定義 (use_property.py)

初期化処理を行うメソッド。パラメーターの値をインスタンス変数に代入します

慣用的に、インスタンス変数名の先頭をアンダースコアにします

```python
class Circle:
    def __init__(self, radius):
        self._radius = radius

    @property
    def radius(self):
        return self._radius

    @radius.setter
    def radius(self, value):
        if value <= 0:
            raise ValueError('半径は正の値でなければなりません')
        self._radius = value

    @property
    def area(self):
        return 3.14 * self._radius**2
```

インスタンス変数 _radius の値（円の半径）を戻り値として返すプロパティ（ゲッター）

円の半径を設定するプロパティのセッター

プロパティにセットする値を受け取るパラメーター

セットする値がマイナスの値の場合はエラーを発生させてプログラムを停止します

負の値でなければインスタンス変数への代入を行います

円の面積を計算するプロパティ。プロパティの値を取得できればよいので、セッターは定義しません

クラスをインスタンス化してプロパティを利用するコードを、Circle クラスの定義コードに続けて記述します。

55-07 クラスをインスタンス化してプロパティを利用するコード

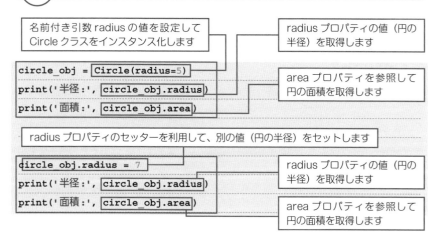

名前付き引数 radius の値を設定して Circle クラスをインスタンス化します

radius プロパティの値（円の半径）を取得します

```
circle_obj = Circle(radius=5)
print('半径:', circle_obj.radius)
print('面積:', circle_obj.area)
```

area プロパティを参照して円の面積を取得します

radius プロパティのセッターを利用して、別の値（円の半径）をセットします

```
circle_obj.radius = 7
print('半径:', circle_obj.radius)
print('面積:', circle_obj.area)
```

radius プロパティの値（円の半径）を取得します

area プロパティを参照して円の面積を取得します

モジュールを実行すると、**ターミナル**に次のように出力されます。

▼ 出力（ターミナル）

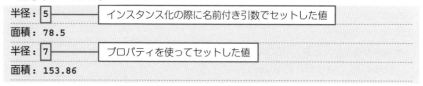

半径: 5 ─── インスタンス化の際に名前付き引数でセットした値
面積: 78.5
半径: 7 ─── プロパティを使ってセットした値
面積: 153.86

08

オブジェクト指向プログラミング

> areaプロパティでは、インスタンス変数の値の2乗と円周率を掛けて円の面積を求め、戻り値として返すようにしました。

raise文

自作した関数などで、独自に例外(エラー)を発生させる場合は **raise文**を使います。

▼【構文】raise文

```
raise 例外クラス名('メッセージ')
```

Pythonには、例外の内容に応じて複数の例外クラスが収録されています。
ValueErrorクラスは、「演算子や関数が適切でない値を受け取った」ときの例外発生
を目的としたクラスです。

▼raise文の使用

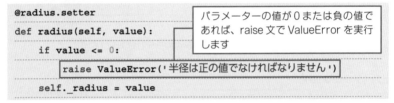

```
@radius.setter
def radius(self, value):
    if value <= 0:
        raise ValueError('半径は正の値でなければなりません')
    self._radius = value
```

パラメーターの値が0または負の値で
あれば、raise文でValueErrorを実行
します

▼例外が発生したときにVSCodeのエディター上に表示されるメッセージ

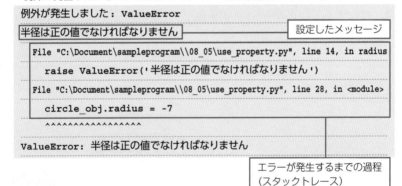

```
例外が発生しました：ValueError
半径は正の値でなければなりません
    File "C:\Document\sampleprogram\\08_05\use_property.py", line 14, in radius
        raise ValueError('半径は正の値でなければなりません')
    File "C:\Document\sampleprogram\\08_05\use_property.py", line 28, in <module>
        circle_obj.radius = -7
        ^^^^^^^^^^^^^^^^^^
ValueError：半径は正の値でなければなりません
```

設定したメッセージ

エラーが発生するまでの過程
(スタックトレース)

この場合は、フローティングツールバー `⏸ ▷ ⤴ ↧ ↺ ☐` の**停止**ボタンでプログ
ラムを停止します。

09

Webとの連携

Pythonでは、Webとの連携として以下のようなことが
行えます。

・Webへのアクセス:
  Webにアクセスしてデータを取得・送信するには、
  Pythonの外部ライブラリであるRequestsを利用するの
  が定番です。
・Webサービスの利用:
  Webサービス (Web上で提供されているサービスや機
  能) は、Webサーバー側の窓口となるWeb API経由で利
  用できます。これにもRequestsが使えます。
・Webスクレイピング:
  Webスクレイピングは、Webページから必要なデータ
  を抽出する方法です。BeautifulSoup4という外部ライブ
  ラリを使えば、HTMLの特定タグの中身を容易に取り出
  せるので便利です。

## 56

Webにアクセスするための「Requests」をインストールする

インターネット上で公開されている情報を解析し、必要なデータを取り出すことを「**Webスクレイピング**」(または単に「**スクレイピング**」)と呼びます。Requestsは、スクレイピングなどの目的でWebへの接続を行うためのライブラリです。

●「Requests」をPythonの仮想環境にインストールする

Webへのアクセスには、Pythonの外部ライブラリ「**Requests**」を利用するのが定番です。Requestsを使うと、Webサーバーへのリクエストの送信ならびにレスポンス (応答) データの取得が簡単に行えます。

●Requestsのインストール (VSCode)

VSCodeの**ターミナル**で、ライブラリのインストールを行う**pip**[*]というコマンドを実行して、RequestsをPythonの仮想環境にインストールします。

❶Pythonモジュールまたは Notebook を開き、仮想環境のインタープリターを選択しておきます。
❷**ターミナル**メニューの**新しいターミナル**を選択します。
❸**ターミナル**に、

```
pip install requests          ライブラリ名は小文字で記述します
```

と入力して**Enter**キーを押します。

---

[*]**pip (コマンド)**:Pythonのライブラリを管理するためのソフトウェア。

56-01 【構文】pipでライブラリをインストールする

```
pip install ライブラリ名
```

56-02 操作手順の①~② (VSCodeでNotebookを開いたところ)

❶ Notebook または
モジュールを開いて、
仮想環境のインタープ
リターを選択しておき
ます

❷ターミナルメニュー
の新しいターミナルを
選択します

09

Webとの連携

56-03 操作手順の③ (ターミナル)

pip install requests
と 入 力 し て Enter
キーを押します

実行環境上で実行中です

Attention 実行環境名がパスの先頭に表示されない！

VSCodeのPython拡張機能の仕様変更により、ターミナルのパスの先頭に仮想環
境名が表示されないことがありますが、ターミナルと仮想環境の関連付けは行われて
います (01章のAttention [65ページ] 参照)。

「Yahoo! JAPAN」の トップページを取得する

Requestsを利用して「Yahoo! JAPAN」に接続し、トップページのデータを取得してみましょう。

●ブラウザーにWebページが表示されるまでの流れ

Webページの表示は、**HTTP**または**HTTPS**という通信規約を使って行われます。ブラウザーは指定されたURL（インターネット上のアドレス）に対して「**リクエスト**」（Webページの要求）を送信し、これを受信したWebサーバーは「**レスポンス**」（応答）としてWebページのデータをブラウザーに送信します。

57-01 ブラウザーがリクエストを送信してWebページが表示されるまでの流れ

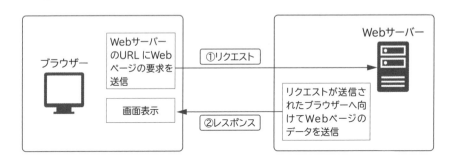

57-02 リクエストを送信するRequestsのget()関数

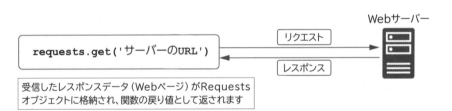

受信したレスポンスデータ（Webページ）がRequestsオブジェクトに格納され、関数の戻り値として返されます

●Requestsのget()関数でWebページのデータを取得する

57-02の図に示したとおり、Requestsの**get()関数**は、引数にWebページ（サーバー）のURLを指定すると、リクエストの送信からレスポンスデータ（Webページのデータ）の取得までを行います。Notebookのセルに次のように入力して、「Yahoo! JAPAN」のトップページのデータを取得してみることにします。

57-03 「Yahoo! JAPAN」のトップページのデータを取得する

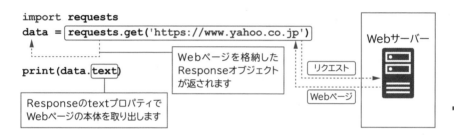

▼ 実行結果（一部のみ掲載しています）

```
<!DOCTYPE html><html lang="ja"><head>
<meta charSet="utf-8"/><meta http-equiv="X-UA-..." content="..."/>
<title>Yahoo! JAPAN</title>
<meta name="description" content="あなたの毎日をアップデートする情報ポータ
ル。検索、ニュース、天気、スポーツ、メール、ショッピング、オークションなど便利なサー
ビスを展開しています。"/>
......途中省略......
</head>
<body>
......bodyの要素省略......
</body></html>
```

Webページの骨格を示すHTMLドキュメントが出力されました。画像などは別途でリンクが設定されているので、ここには含まれていません（ブラウザーでは追加のリクエストで取得されます）。

●レスポンスメッセージから個別に情報を取り出す

　Webサーバーからのレスポンス（応答）は、「**レスポンスメッセージ**」と呼ばれるデータとして返されます。

57-04 レスポンスメッセージの構造

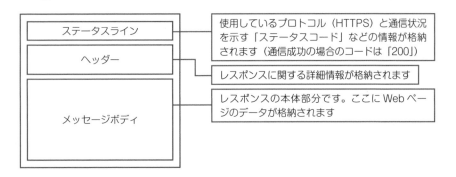

　レスポンスメッセージを格納したResponseオブジェクトから、次表のプロパティで必要な情報を取得することができます。

●Responseオブジェクトのプロパティ

プロパティ	取得される情報
status_code	ステータスコード
headers	ヘッダー情報
encoding	文字コードのエンコード方式
text	メッセージボディ

58 Webサービスで 役立つデータを入手する

「**Webサービス**」とは、インターネット上で提供されるサービスや機能のことを指します。ここでは、Webサービスを利用したデータの取得について見ていきます。

●Webサービスを利用するための「Web API」

インターネットを利用したWeb通信網では、当初、Webページのやり取りだけが行われていましたが、その後、さらに便利にデータをやり取りする手段としてWebサービスが開始されました。Webサービスとは、Webの通信の仕組みを利用して、コンピューター同士でデータをやり取りするためのシステムのことを指します。

58-01 Webサービスのイメージ

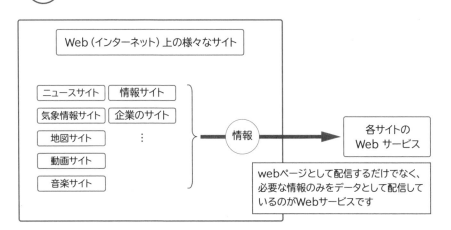

Webサービスでは、Webサーバー側に「窓口」となるプログラム（あるいは仕組み）として「**Web API**」が用意されています。**API**とは「Application Programming Interface」の略で、何らかの機能を提供するための「窓口」となるプログラムのことを指します。

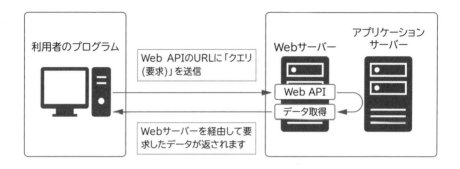

58-02 自作のプログラムでWeb APIとやり取りするイメージ

利用者のプログラム

Web APIのURLに「クエリ
(要求)」を送信

Webサーバーを経由して要
求したデータが返されます

Webサーバー

アプリケーション
サーバー

Web API

データ取得

●MediaWikiから検索情報を取得する

　Wikipedia用として、共同作業と文書作成のために開発されたソフトウェアが
「**MediaWiki**(メディアウィキ)」です。MediaWikiでは、Wikipediaの記事やページ
に関する情報を検索し、取得するためのWeb APIを公開しています。APIを介して
検索を行うとJSON形式のデータとして情報が得られるので、その情報を利用して
プログラムやアプリケーションを開発することが可能です。

「https://www.mediawiki.org/
wiki/API:Main_page/ja」において、
APIについての詳しい説明が
公開されています。

●MediaWik APIの基本的な使い方

　MediaWikiのAPIには、次のURLで接続します。

▼ **MediaWiki APIのURL**

https://ja.wikipedia.org/w/api.php

```
結果を格納する変数 = requests.get('APIのURL', params=クエリパラメーター)
```

　Requestsのget()関数の第1引数にAPIのURLを指定し、第2引数としてparams に「**クエリパラメーター**」を指定します。クエリパラメーターとは、APIに対して行う 要求の内容を指定するためのものです。API側で用意されたキーワードをキーにし て、要求内容を値にセットした辞書(ディクショナリ)(dict)形式のデータを作成し、 これをクエリパラメーターとして使用します。

● **ここで作成するプログラムで使用するクエリパラメーターのキー**

APIのキーワード	説明
action (アクション)	APIに対して行いたい操作を指定します。検索を行う場合は 'query' を指定し、ページの編集を行う場合は 'edit' を指定しま す。
format (フォーマット)	APIから取得するデータの形式を指定します。一般的には 'json' や 'xml' が使われます。
list (リスト)	検索結果から取得したい情報を指定します。'search' を指定す ると検索結果が取得されます。
srsearch (検索クエリ)	検索クエリ(「Python」などの検索文字列)を指定します。

● **MediaWikiのAPIに接続して検索するプログラム**

　Notebookまたはモジュールを作成し、58-04のコードリストのように入力して プログラムを作成します。以下はコードリスト内①～⑥の説明です。

❶APIにリクエストを送信し、結果を取得。

❷Responseオブジェクトに格納されたJSON形式のデータをPythonの辞書(dict) に変換。

❸辞書dataから'query'キーの値(辞書)を取得します。続いて、先の結果で得られ た辞書から 'search'キーに対応する値(辞書)を取得します。

❹1つずつ取り出した辞書から'title'キーの値(検索されたページのタイトル)を取得。

❺同様に'snippet'キーの値(検索されたページの要約)を取得。

09

Webとの連携

❻Notebookの場合は入力用のパネル、モジュールの場合はターミナルで検索キーワードを取得。

58-04 **MediaWikiのAPIに接続して検索結果を取得するプログラム**

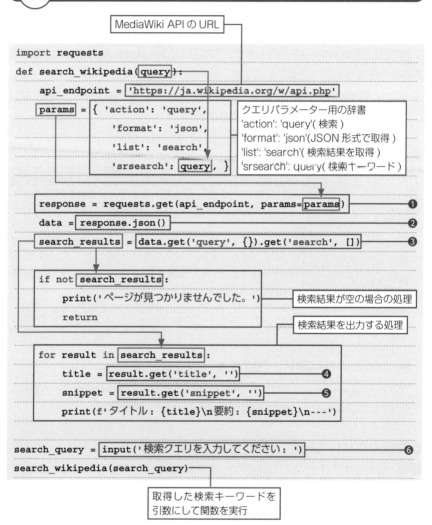

```python
import requests
def search_wikipedia(query):
    api_endpoint = 'https://ja.wikipedia.org/w/api.php'
    params = { 'action': 'query',
               'format': 'json',
               'list': 'search',
               'srsearch': query, }
```

MediaWiki API の URL

クエリパラメーター用の辞書
'action': 'query'(検索)
'format': 'json'(JSON 形式で取得)
'list': 'search'(検索結果を取得)
'srsearch': query(検索キーワード)

```python
    response = requests.get(api_endpoint, params=params)          ❶
    data = response.json()                                        ❷
    search_results = data.get('query', {}).get('search', [])      ❸

    if not search_results:
        print('ページが見つかりませんでした。')
        return
```

検索結果が空の場合の処理

検索結果を出力する処理

```python
    for result in search_results:
        title = result.get('title', '')                          ❹
        snippet = result.get('snippet', '')                      ❺
        print(f'タイトル：{title}\n要約：{snippet}\n---')

search_query = input('検索クエリを入力してください：')             ❻
search_wikipedia(search_query)
```

取得した検索キーワードを
引数にして関数を実行

58-05 「requests.get(api_endpoint, params=params)」によって
取得されたデータの例（辞書）

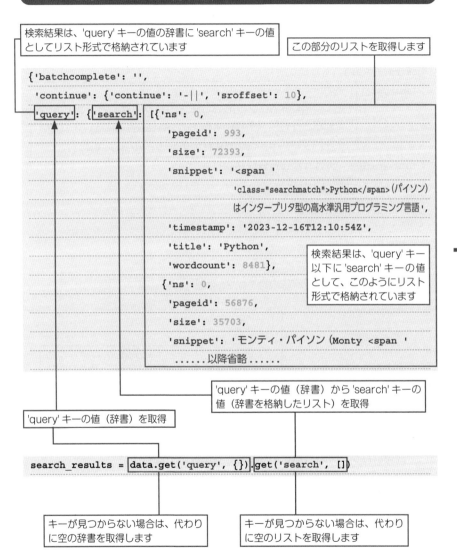

検索結果は、'query' キーの値の辞書に 'search' キーの値
としてリスト形式で格納されています

この部分のリストを取得します

```
{'batchcomplete': '',
 'continue': {'continue': '-||', 'sroffset': 10},
 'query': {'search': [{'ns': 0,
                        'pageid': 993,
                        'size': 72393,
                        'snippet': '<span '
                                   'class="searchmatch">Python</span>（パイソン）
                                   はインタープリタ型の高水準汎用プログラミング言語',
                        'timestamp': '2023-12-16T12:10:54Z',
                        'title': 'Python',
                        'wordcount': 8481},
                       {'ns': 0,
                        'pageid': 56876,
                        'size': 35703,
                        'snippet': 'モンティ・パイソン (Monty <span '
                       ......以降省略......
```

検索結果は、'query' キー
以下に 'search' キーの値
として、このようにリスト
形式で格納されています

'query' キーの値（辞書）から 'search' キーの
値（辞書を格納したリスト）を取得

'query' キーの値（辞書）を取得

```
search_results = data.get('query', {}).get('search', [])
```

キーが見つからない場合は、代わり
に空の辞書を取得します

キーが見つからない場合は、代わり
に空のリストを取得します

09

Webとの連携

58-06 「data.get('query', {}).get('search', [])」で取得したリストを
forループで処理

1件のデータは辞書に格納

```
[{'ns': 0,
 'pageid': 993,
 'size': 72393,
 'snippet': '<span '
            'class="searchmatch">Python</span>(パイソン)はインタープリタ型の高
            水準汎用プログラミング言語である。 '...Python</span>は1991年にグイ
            ド・ヴァン・ロッサムにより開発されたプログラミング言語である。 ...,
 'timestamp': '2023-12-16T12:10:54Z',
 'title': 'Python',
 'wordcount': 8481},
{'ns': 0,
 'pageid': 56876,
 'size': 35703,
 'snippet': 'モンティ・パイソン (Monty <span '
    ......以降省略......
```

'title' キーの値を取得。キーが見
つからない場合は、代わりに空
の文字列を取得

```
for result in search_results:
    title = result.get('title', '')
    snippet = result.get('snippet', '')
    print(f'タイトル: {title}\n要約: {snippet}\n---')
```

'snippet' キーの値を取得。キー
が見つからない場合は、代わり
に空の文字列を取得

検索クエリを入力してください: | Python |

検索したい語句 (キーワード) を入力します

複数のページがヒットしています

タイトル: Python
要約: `<span class="searchmatch">Python</span>` (パイソン) はインタープリタ型の高水準汎用プログラミング言語である。 `<span class="searchmatch">Python</span>`は1991年にグイド・ヴァン・ロッサムにより開発されたプログラミング言語である。 最初にリリースされた`<span class="searchmatch">Python</span>`の設計哲学は、ホワイトスペース (オフサイドルール) の顕著な使用によってコードの可読性を重視し

タイトル: モンティ・パイソン
要約: モンティ・パイソン (Monty `<span class="searchmatch">Python</span>`) は、イギリスを代表するコメディグループ。グレアム・チャップマン、ジョン・クリーズ、テリー・ギリアム、エリック・アイドル、テリー・ジョーンズ、マイケル・ペイリンの6人で構成される (ただし、ニール・イネスとキャロル・クリーヴランドを「7人目のパイソン」と表現

要約文は該当のページから抽出したものを使用しているため、HTML のタグが付いています

タイトル: IDLE (Python)
要約: IDLEは`<span class="searchmatch">Python</span>`用の統合開発環境であり、マルチウィンドウ型のテキストエディターである。バージョン1.5.2b1以降の`<span class="searchmatch">Python</span>`に標準で付属している。 主な機能は以下のとおりである。 ハイライト・自動補完・自動インデントなど。 ステップ実行・ブレークポイントの指定・コールスタックの可視化を備えた統合デバッガ。

......以降省略......

09

Webとの連携

59 「Yahoo!ニュース」のRSSをスクレイピングする

RSS (Rich Site Summary) は、Webサイトの更新状況を表示する仕組みです。Webサイトの見出しや更新情報、要約を配信するためのデータ形式で、主に記事タイトル、更新日時、記事のURLなどの情報で構成されています。

●「BeautifulSoup4」をPythonの仮想環境にインストールする

外部ライブラリの「**BeautifulSoup4**」を利用すると、HTMLの特定のタグの中身を取り出す「**スクレイピング**」が可能になります。RSSから必要なデータを取り出す際にスクレイピングの処理を行うので、事前にインストールしておきましょう。

VSCodeの**ターミナル**でpipコマンドを実行して、BeautifulSoup4をPythonの仮想環境にインストールします。

❶PythonモジュールまたはNotebookを開き、仮想環境のインタープリターを選択しておきます。
❷**ターミナル**メニューの**新しいターミナル**を選択します。
❸**ターミナル**に、

```
pip install beautifulsoup4
```
ライブラリ名は小文字で記述します

と入力して**Enter**キーを押します。

●「Yahoo!ニュース」のRSS

Yahoo! JAPANでは、様々なジャンルの最新ニュースのヘッドラインをRSSで配信しています。

「Yahoo!ニュース」が配信するRSSの一覧ページ
(https://news.yahoo.co.jp/rss)

様々なジャンルの
ニュースRSSへ
のリンクが表示さ
れています

ジャンルのリンクをク
リックすると、RSS
のデータ（XML）を
見ることができます

09

Webとの連携

59-02 「トピックス」カテゴリの「科学」をクリックすると表示されるRSS

ジャンルのRSSの
URLはスクレイピン
グの際に必要になる
ので、チェックして
おきましょう

●RSSからニュースのヘッドラインを取得する

RSSとして配信されているXMLドキュメントには、「JAXA探査機 月の軌道に投入成功」のようなニュースの内容を表す「**ヘッドライン**」が、<item>タグ内部の<title>タグの要素になっています。<title>タグの中身だけをスクレイピングすれば、最新ニュースのヘッドラインだけをまとめることができます。

59-03 「Yahoo!ニュース」のRSSから取得したXML形式のデータからヘッドラインを抽出

```
<rss version="2.0">
<channel><language>ja</language><copyright>© LY Corporation</copyright>
<pubDate>Tue, 26 Dec 2023 14:09:52 GMT</pubDate>
<title>Yahoo!ニュース・トピックス - 科学</title><link>https://news.yahoo.co.jp/...
<description>Yahoo! JAPANのニュース・トピックスで取り上げている最新の見出しを提供...</description>
<item>
<title> JAXA探査機 月の軌道に投入成功 </title>
<link>https://news.yahoo.co.jp/pickup/6486183?source=rss</link>
<pubDate>Mon, 25 Dec 2023 13:41:40 GMT</pubDate>
<comments>https://news.yahoo.co.jp/articles/e370e.../comments</comments>
</item>
......途中省略......
</channel>
</rss>
```

<item> タグ内の <title> タグの
要素を取得します

requests.get() で取得した Response オブ
ジェクトを BeautifulSoup オブジェクトに
したものです

```
for item in soup.find_all('item'):
```
➡
```
item.find('title').get_text()
```

find_all() メソッドですべての <item> タグを
要素ごと取り出します。

抽出した <item> 要素に対し、find() メ
ソッドで <title> タグを要素ごと取得し、
get_text() で要素の文字列だけを取り出
します。

●「Yahoo!ニュース」のRSSからヘッドラインを スクレイピングするプログラム

Notebookを作成し、次のコードを入力して実行してみましょう。

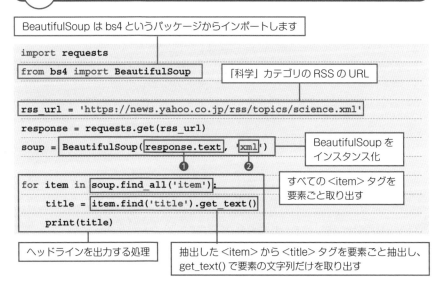

59-04 「Yahoo!ニュース」が配信するRSSからヘッドラインを抜き出す

BeautifulSoupはbs4というパッケージからインポートします

```
import requests
from bs4 import BeautifulSoup
```

「科学」カテゴリのRSSのURL

```
rss_url = 'https://news.yahoo.co.jp/rss/topics/science.xml'
response = requests.get(rss_url)
soup = BeautifulSoup(response.text, 'xml')
```
❶ ❷

BeautifulSoupを インスタンス化

```
for item in soup.find_all('item'):
    title = item.find('title').get_text()
    print(title)
```

すべての<item>タグを 要素ごと取り出す

ヘッドラインを出力する処理

抽出した<item>から<title>タグを要素ごと抽出し、 get_text()で要素の文字列だけを取り出す

❶textプロパティを使ってレスポンスメッセージの本体を抽出します。

❷データの解析器(パーサー)としてhtmlパーサーを指定します。

▼出力例

東日本大震災で生じた断層崖 発見
初の「クマ検討会」を開催 環境省
卵子凍結 少子化対策として有効?
JAXA探査機 月の軌道に投入成功
酔って寝たまま室内で凍死も 注意
心臓移植の12歳退院 おかえりに涙
学校に遅刻 感覚過敏に悩んだ女性
5類後初の年末 帰省先で熱出たら

「Yahoo！ニュース」のRSSのURL

「Yahoo！ニュース」のカテゴリ別のRSSは、https://news.yahoo.co.jp/rss/categories/に各カテゴリのXMLドキュメント名が付いたものになります。

▼各カテゴリのRSSのURL

カテゴリ	RSSのURL
国内	https://news.yahoo.co.jp/rss/categories/domestic.xml
国際	https://news.yahoo.co.jp/rss/categories/world.xml
経済	https://news.yahoo.co.jp/rss/categories/business.xml
エンタメ	https://news.yahoo.co.jp/rss/categories/entertainment.xml
スポーツ	https://news.yahoo.co.jp/rss/categories/sports.xml
IT	https://news.yahoo.co.jp/rss/categories/it.xml
科学	https://news.yahoo.co.jp/rss/categories/science.xml
ライフ	https://news.yahoo.co.jp/rss/categories/life.xml
地域	https://news.yahoo.co.jp/rss/categories/local.xml

デスクトップアプリの開発

Tkinterライブラリを利用して、グラフィカルな画面を備えたデスクトップアプリを開発します。

60 Tkinterを使った GUIアプリケーションの開発

デスクトップアプリでは、ユーザーは専用の操作画面を使って操作を行います。この操作画面のことをプログラミング用語で「**GUI**」(Graphical User Interface) と呼びます。Pythonの標準ライブラリには、GUI開発用のライブラリ「**Tkinter**」(ティーキンターまたはティーケーインター) が収録されています。Tkinterを使用すると、簡単なウィンドウやダイアログボックスから複雑なGUIアプリケーションまで、様々な種類のユーザーインターフェースを構築できます。

●Tkinterの基本的な使い方

Tkinterでは、メインウィンドウ (トップレベルのウィンドウ) を作成し、そこに**ウィジェット**と呼ばれる部品を配置する、という手順で画面開発を行います。

60-01 サイズを指定してメインウィンドウを作成する

Tkinter をインポートし、tk と記述して呼び出せるようにします

```
import tkinter as tk
window = tk.Tk()
window.geometry('300x100')
window.title('Widget Example')
```

Tkinter の Tk() クラスをインスタンス化すると、メインウィンドウのオブジェクトが作成されます

geometry() の引数で '(幅)x(高さ)' を指定すると、ピクセル単位で表示サイズを指定できます

ここにウィジェットを配置するコードを記述します

title() の引数でタイトルバーの文字列を指定できます

```
window.mainloop()
```

メインウィンドウのオブジェクトに対してmainloop() を実行して画面を表示します
mainloop() メソッドは画面設定の最後に記述しなくてはなりません

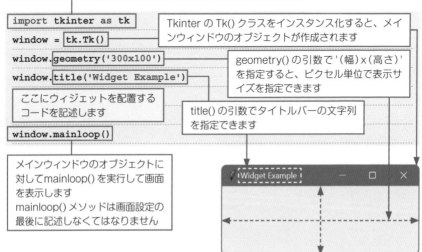

Point # window.mainloop()

mainloop()は、Tkinterアプリケーションのイベントループを開始するメソッドです。**イベントループ**とは、ユーザーのアクションやイベント（ボタンクリック、キー入力など）が起きるまで待機し、それらの発生と同時に対応する処理を実行することです。イベントループが開始されると、画面表示を維持し、ユーザーとの対話を継続的に処理することができます。

● ウィジェットの配置

ウィジェットは、各ウィジェットのクラスをインスタンス化してオブジェクトを作成し、place()やgrid()などのメソッドを実行してメインウィンドウ上に配置します。

● ラベルを配置する

ラベルは、テキストの表示を行うウィジェットです。Labelクラスをインスタンス化して作成し、place()メソッドを実行することで配置します。

60-02　メインウィンドウ上にラベルを配置する

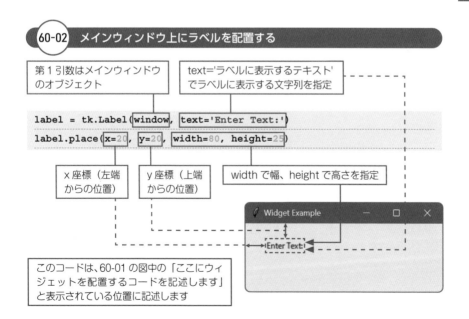

第1引数はメインウィンドウのオブジェクト

text='ラベルに表示するテキスト'でラベルに表示する文字列を指定

```
label = tk.Label(window, text='Enter Text:')
label.place(x=20, y=20, width=80, height=25)
```

x座標（左端からの位置）

y座標（上端からの位置）

widthで幅、heightで高さを指定

このコードは、60-01の図中の「ここにウィジェットを配置するコードを記述します」と表示されている位置に記述します

Widget Example

Enter Text:

● テキストボックスを配置する

テキストボックス (Entryウィジェット) は、主にテキスト入力のために使われる
ウィジェットです。Entryオブジェクトを生成し、place()メソッドを実行することで
メインウィンドウに配置します。

60-03 メインウィンドウ上にテキストボックス (Entry) を配置する

ラベルを配置するコードの次に記述します

第1引数はメインウィンドウのオブジェクト

```
entry = tk.Entry(window)
entry.place(x=120, y=20, width=150, height=25)
```

x 座標 (左端
からの位置)

y 座標 (上端
からの位置)

width で幅、height で高さを指定

Widget Example — □ ✕

Enter Text:

●ボタンを配置する

ボタンは、特定のアクションや処理を実行するためのウィジェットです。Buttonオブジェクトを生成し、place()メソッドを実行することでメインウィンドウに配置します。

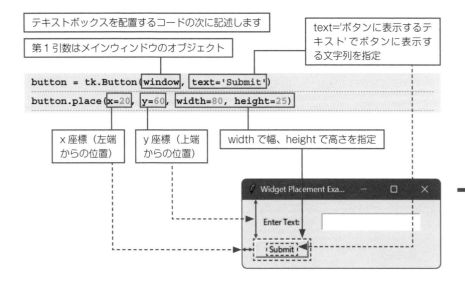

60-04 メインウィンドウ上にボタンを配置する

テキストボックスを配置するコードの次に記述します

第1引数はメインウィンドウのオブジェクト

text='ボタンに表示するテキスト' でボタンに表示する文字列を指定

```
button = tk.Button(window, text='Submit')
button.place(x=20, y=60, width=80, height=25)
```

x座標（左端からの位置）

y座標（上端からの位置）

width で幅、height で高さを指定

10

デスクトップアプリの開発

61 メインウィンドウ上に グリッドを設定して配置する

ウィジェットを配置するgrid()メソッドは、メインウィンドウ上に格子(グリッド)を想定し、row(行)とcolumn(列)の位置を指定してウィジェットを配置します。

●メインウィンドウ上のグリッドに沿ってウィジェットを配置する

前の単元では、place()メソッドでx軸(メインウィンドウ左端からの距離)とy軸(メインウィンドウ上端からの距離)を使ってウィジェットを配置しました。ピクセル単位で細かく指定できるのですが、ウィジェットのサイズも含めて、正確な位置決めが求められます。

●grid()メソッド

grid()メソッドは、メインウィンドウ上に想定したグリッドのマス目(セル)に、行番号と列番号を指定して配置します。

書式	Widgetオブジェクト.grid(row= 行番号, column=列番号, padx=水平方向のパディング, pady=垂直方向のパディング)	
パラメーター	row	何行目かを示す、0から始まる整数を指定します。
	column	何列目かを示す、0から始まる整数を指定します。
	padx	ウィジェットの左右に設定する余白のサイズを、ピクセル単位で指定します。
	pady	ウィジェットの上下に設定する余白のサイズを、ピクセル単位で指定します。

●grid()メソッドでウィジェットを配置するメリット
・ウィジェットの数とレイアウトによってグリッドの形状が決まります。
・グリッドのセルのサイズは配置するウィジェットとパディングによって決まるので、ウィジェットのサイズ指定が不要です(サイズ指定も可)。
・ウィジェットの配置状況でメインウィンドウのサイズが自動的に決まります。

●ボタンクリックで入力文字列をラベルに表示するプログラム

grid()メソッドでウィジェットを配置する例として、「ボタンをクリックすると処理を行うプログラム」を作成してみましょう。

Buttonオブジェクトを生成する際に、名前付き引数commandに任意の関数名を設定すると、ボタンがクリックされたタイミングで関数を実行することができます。

61-01 commandに関数名を設定する

```
button = tk.Button(window, text='Submit', command=on_button_click)
```

ボタンがクリックされると on_button_click()
関数が実行されます

●on_button_click()関数の定義

今回は、Pythonのモジュール (.py) を作成してプログラミングします。次のように入力して on_button_click()関数を定義しましょう。

61-02 on_button_click()関数の定義 (grid.py)

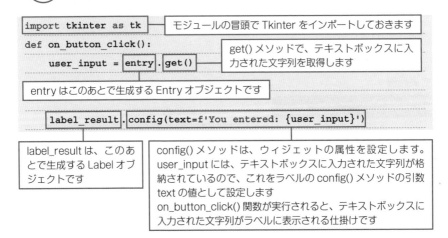

```
import tkinter as tk          モジュールの冒頭で Tkinter をインポートしておきます

def on_button_click():
    user_input = entry.get()  get() メソッドで、テキストボックスに入
                              力された文字列を取得します

    entry はこのあとで生成する Entry オブジェクトです

    label_result.config(text=f'You entered: {user_input}')
```

label_result は、このあ
とで生成する Label オブ
ジェクトです

config() メソッドは、ウィジェットの属性を設定します。
user_input には、テキストボックスに入力された文字列が格
納されているので、これをラベルの config() メソッドの引数
text の値として設定します
on_button_click() 関数が実行されると、テキストボックスに
入力された文字列がラベルに表示される仕掛けです

●画面の作成

関数定義のコードに続けて、次のように入力します。

61-03 GUI画面の作成 (grid.py)

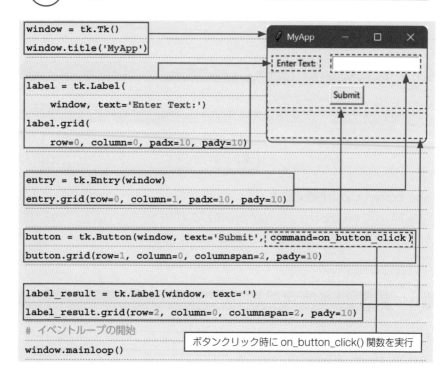

```
window = tk.Tk()
window.title('MyApp')
```

```
label = tk.Label(
    window, text='Enter Text:')
label.grid(
    row=0, column=0, padx=10, pady=10)
```

```
entry = tk.Entry(window)
entry.grid(row=0, column=1, padx=10, pady=10)
```

```
button = tk.Button(window, text='Submit', command=on_button_click)
button.grid(row=1, column=0, columnspan=2, pady=10)
```

```
label_result = tk.Label(window, text='')
label_result.grid(row=2, column=0, columnspan=2, pady=10)
# イベントループの開始
window.mainloop()
```

ボタンクリック時に on_button_click() 関数を実行

▼ 実行例

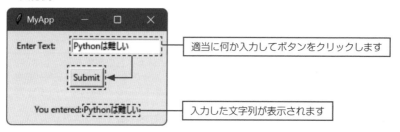

適当に何か入力してボタンをクリックします

入力した文字列が表示されます

62 RSSリーダーアプリの作成

実用的なアプリとして、「Yahoo!ニュース」の最新のヘッドラインを表示するアプリを作成します。

●RSS リーダーアプリの仕様

RSS リーダーアプリは次のような画面を持ち、ドロップダウンメニューからジャンルを選択してボタンをクリックすると「Yahoo!ニュース」のRSSに接続し、対象のジャンルのヘッドラインを取得してテキストボックスに表示します。

62-01 RSS リーダーアプリの画面

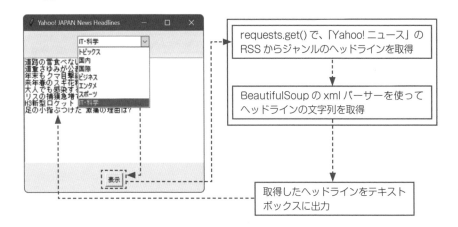

requests.get() で、「Yahoo! ニュース」の RSS からジャンルのヘッドラインを取得

BeautifulSoup の xml パーサーを使ってヘッドラインの文字列を取得

取得したヘッドラインをテキストボックスに出力

アプリでは、次の関数を定義します。

• **get_headlines()**

RSSに接続してヘッドラインを取得する処理を行います。

• **show_headlines()**

ボタンクリック時に呼ばれる関数です。ドロップダウンメニューで選択されたジャンルを引数にしてget_headlines()を呼び出し、ヘッドラインを取得します。そのあと、取得したヘッドラインをテキストボックスに出力します。

● **必要なライブラリのインポート**

モジュール (.py) を作成して、必要なライブラリのインポート文をまとめて記述しておきます。

62-02 インポート文の記述 (rss_reader.py)

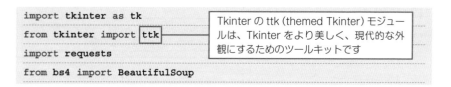

```
import tkinter as tk
from tkinter import ttk
import requests
from bs4 import BeautifulSoup
```

Tkinter の ttk (themed Tkinter) モジュールは、Tkinter をより美しく、現代的な外観にするためのツールキットです

● **次ページ①の説明**

「リスト内包表記」の構文 [式 for 要素 in イテラブルオブジェクト] を用いて、ヘッドラインのリストを作成しています。

「for item in soup.find_all('item')」ですべての <item> タグを要素ごと取り出し、「item.find('title').get_text()」を適用して <title> タグのテキスト要素を取り出します。

● get_headlines()関数を定義する

続いて、get_headlines()関数を定義するコードを入力しましょう。

62-03 get_headlines()関数の定義 (rss_reader.py)

ジャンルをキー、その値を URL にした辞書 (ディクショナリ)

```python
def get_headlines(genre):
    rss_urls = {
        'トピックス': 'https://news.yahoo.co.jp/rss/topics/top-picks.xml',
        '国内': 'https://news.yahoo.co.jp/rss/topics/domestic.xml',
        '国際': 'https://news.yahoo.co.jp/rss/topics/world.xml',
        'ビジネス': 'https://news.yahoo.co.jp/rss/topics/business.xml',
        'エンタメ': 'https://news.yahoo.co.jp/rss/topics/entertainment.xml',
        'スポーツ': 'https://news.yahoo.co.jp/rss/topics/sports.xml',
        'IT・科学': 'https://news.yahoo.co.jp/rss/topics/science.xml',
    }
    rss_url = rss_urls.get(genre)
    if rss_url is None:
        return "Invalid genre selected."
    try:
        response = requests.get(rss_url)
        response.raise_for_status()
        soup = BeautifulSoup(response.text, 'xml')
        headlines = [
            item.find('title').get_text() for item in soup.find_all('item')]
        return headlines
    except requests.exceptions.RequestException as e:
        return f"Error fetching RSS feed: {e}"
```

関数のパラメーターで取得したジャンルの文字列を get() の値にして、辞書から合致するキーの値 (URL) を取得

取得した URL が空の場合の処理

try ブロックに例外 (エラー) が発生する可能性があるコードを記述します

①の説明参照

requests の raise_for_status() は、HTTP リクエストのレスポンスがエラーの場合に、HTTPError 例外を発生させるためのメソッドです

except 文にこのように記述することで、requests ライブラリが発生させる様々な例外を一括して捕捉し、返されるデータを変数 e で取得することができます
「requests.exceptions.RequestException」は、requests ライブラリが発生させる様々な例外を一括して捕捉するためのクラスです

except ブロックに例外が発生した場合に実行されるコードを記述します

● show_headlines ()関数を定義する

続いて、show_headlines()関数を定義するコードを入力しましょう。

62-04 show_headlines ()関数の定義 (rss_reader.py)

StringVar（メニューオブジェクト）で選択中のジャンル（文字列）を取得

メニューで選択されたジャンルを引数
にして get_headlines() を実行
↓
ヘッドラインの文字列が返る

```python
def show_headlines():
    selected_genre = genre_var.get()
    headlines = get_headlines(selected_genre)
    headlines_text.config(state=tk.NORMAL)
    headlines_text.delete(1.0, tk.END)
    headlines_text.insert(tk.END, "\n".join(headlines))
    headlines_text.config(state=tk.DISABLED)
```

insert() は、Text ウィジェットにテキストを挿入
するメソッドです

・第１引数には、挿入する位置を指定します。こ
こでは、tk.END を指定してテキストの末尾に挿
入するようにしています

・第２引数には、挿入するテキストを指定します。
"\n".join(headlines) は、リスト headlines の各
要素を改行（\n）で結合して１つの文字列にし
ます。これにより、headlines 内の各要素の末尾
で改行される形式の文字列ができます

結果として、Text ウィジェット内にヘッドライン
が改行して表示されます

Text ウィジェットの状態を「NORMAL」
に変更しています

Text ウィジェットには、編集可能な
状態（NORMAL）と、読み取り専用
の状態（DISABLED）とがあります。
config() メソッドを使用して state オプ
ションを設定することで、これらの状態
を切り替えることができます

headlines_text を読み取り専用状態に設定
しています

state オプションを tk.DISABLED に設定す
ることで、ユーザーが headlines_text 内の
テキストを編集できなくなります

delete() で、Text ウィジェット内のテキストを削
除します。メソッドの第１引数が削除の開始位置、
第２引数が削除の終了位置を指定します

・第１引数の 1.0 は最初の行の先頭の文字を表し
ます

・第２引数の tk.END は末尾の文字を表します

結果、テキストの最初から最後までを削除してい
ます

● メインウィンドウの作成

ここから操作画面の作成に取りかかります。入力済みのコードに続けて、次のように入力します。

62-05 メインウィンドウの作成 (rss_reader.py)

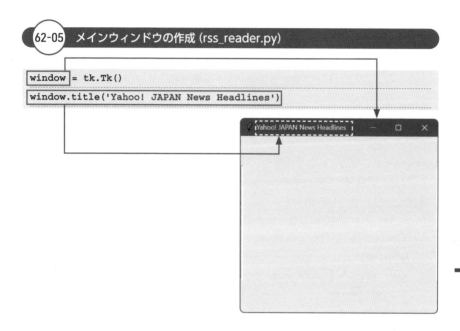

```
window = tk.Tk()
window.title('Yahoo! JAPAN News Headlines')
```

● ドロップダウンメニューの作成

Tkinterのttkモジュールの**Combobox**クラスは、ドロップダウンメニューのウィジェットを作成するクラスです。

62-06 【構文】Comboboxオブジェクトの生成

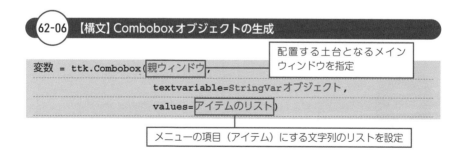

配置する土台となるメインウィンドウを指定

```
変数 = ttk.Combobox(親ウィンドウ,
                textvariable=StringVarオブジェクト,
                values=アイテムのリスト)
```

メニューの項目（アイテム）にする文字列のリストを設定

textvariableオプション (名前付き引数) は、Tkinterのウィジェットにおいて、入力された値やメニューから選択されたアイテムと、プログラムの変数とを結び付けるためのオプションです。ドロップダウンメニュー (Combobox) の場合は、textvariableにStringVarオブジェクトを設定すると、メニューでアイテムが選択されたとき、StringVarの値も自動的に変更されます。

• StringVarオブジェクト

Tkinterウィジェットと連動する文字列型の変数を扱うオブジェクトです。

62-07　ドロップダウンメニューの作成 (rss_reader.py)

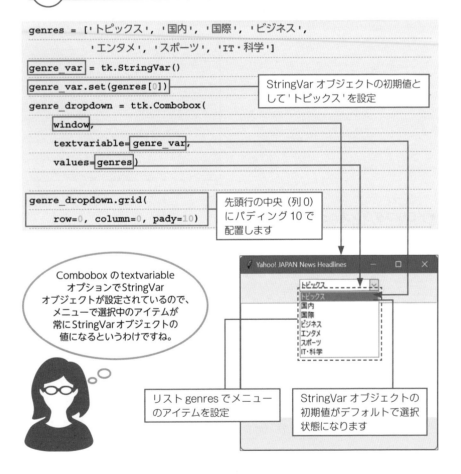

```
genres = ['トピックス', '国内', '国際', 'ビジネス',
          'エンタメ', 'スポーツ', 'IT・科学']
genre_var = tk.StringVar()
genre_var.set(genres[0])
genre_dropdown = ttk.Combobox(
    window,
    textvariable=genre_var,
    values=genres)

genre_dropdown.grid(
    row=0, column=0, pady=10)
```

StringVar オブジェクトの初期値として'トピックス'を設定

先頭行の中央 (列0) にパディング 10 で配置します

Combobox の textvariable オプションで StringVar オブジェクトが設定されているので、メニューで選択中のアイテムが常に StringVar オブジェクトの値になるというわけですね。

Yahoo! JAPAN News Headlines

トピックス
国内
国際
ビジネス
エンタメ
スポーツ
IT・科学

リスト genres でメニューのアイテムを設定

StringVar オブジェクトの初期値がデフォルトで選択状態になります

●ヘッドライン表示用のテキストボックスの作成と配置

続いて、取得したヘッドラインを表示するためのテキストボックス (ここではText
ウィジェットを使用) のコードを入力します。

62-08 テキストボックスの作成と配置 (rss_reader.py)

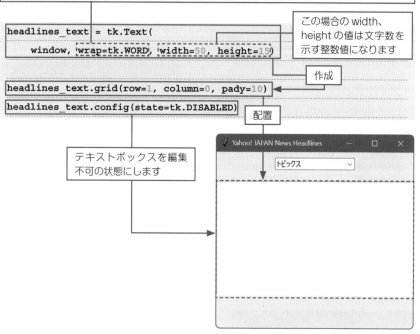

wrap=tk.WORD は、テキストが行末に達した際のテキストボックスの挙動を指定していま
す。tk.WORD は単語単位を意味するので、単語の途中では改行せず、単語全体が次の行に
移動します

この場合の width、
height の値は文字数を
示す整数値になります

```
headlines_text = tk.Text(
    window, wrap=tk.WORD, width=50, height=15)
```

作成

```
headlines_text.grid(row=1, column=0, pady=10)
```

```
headlines_text.config(state=tk.DISABLED)
```

配置

テキストボックスを編集
不可の状態にします

●処理実行用のボタンを配置する

　最後に、処理を実行するためのButtonウィジェットを作成・配置するコードと、イベントループを開始するコードを入力します。

62-09　ボタンの作成と配置 (rss_reader.py)

```python
show_button = tk.Button(window, text='表示', command=show_headlines)
show_button.grid(row=2, column=0, pady=10)
# イベントループの開始
window.mainloop()
```

ボタンがクリックされたら show_headlines() 関数を実行します

ボタンを土台の3行目、1列目の位置にパディング10を設定して配置します

以上でアプリの完成です。実際にアプリを起動して操作してみましょう。

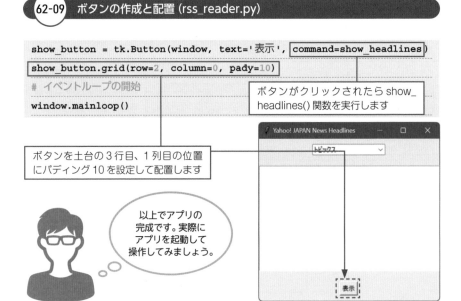

▼ 実行例

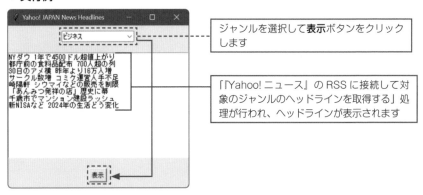

ジャンルを選択して**表示**ボタンをクリックします

「『Yahoo! ニュース』の RSS に接続して対象のジャンルのヘッドラインを取得する」処理が行われ、ヘッドラインが表示されます

⑪ データ分析（機械学習）超入門

Pythonを使ったデータ分析と機械学習は、複雑なデータから価値ある情報を引き出し、未来を予測します。販売履歴、ユーザーのクリックデータ、健康情報、天気データ……など、どのような分野のデータであっても、その情報を理解し、活用することができれば、未知のことにもチャレンジできます。

Pythonはその使いやすさと豊富なライブラリのおかげで、こういったのデータを探索し、分析し、予測モデルを構築するための優れたツールとなっています。この章を読んで、データ分析と機械学習の基本的なことを学びましょう。

63 データ分析とは

Pythonは、「機械学習」を含む広義の「データ分析」において、定番のプログラミング言語といわれています。この章では、データ分析がどのようなものなのかを理解し、サンプルデータを使った実際のプログラミングまでを行います。

●「データ分析」とはそもそも何？

データ分析とは、主に統計学の手法を用いた分析のことですが、機械学習その他の様々な手法やアプローチを含める場合も少なくありません。大まかには以下の3つの要素で構成されています。

・**記述統計学** (Descriptive Statistics)[*]
　データの特性や概要を理解するための統計学の手法です。平均、中央値、標準偏差などを計算し、データの特徴を説明します。

・**推測統計学** (Inferential Statistics)[*]
　集められたデータから全体の特性を推測するための統計手法で、信頼区間や仮説検定、回帰分析が代表的な手法です。

・**機械学習** (Machine Learning)
　データからパターンや規則を学習し、未知のデータに対する予測を行う手法です。教師あり学習、教師なし学習、強化学習などがあります。機械学習では、問題の性質や目標に応じて、適切な統計的手法や機械学習アルゴリズムが選択されます。例えば、データの傾向を理解するために記述統計学を用い、それに基づいて未来の予測を行うために機械学習を導入する、といったことがよくあります。

---

[*]**記述統計学、推測統計学**：これらの手法を用いた分析を総称して「**統計分析**」と呼ぶことがある。ただし、統計分析とデータ分析が同じ意味で使われることがあるので、文脈によって理解することが必要。

●そもそもデータ分析は何のためにやるの？

データ分析には、次のような目的があります。

・データが推移するパターンや傾向の発見

販売データを分析して、商品の売上が季節ごとにどのように変化するかを理解する——など、データから特定のパターンや傾向を発見することが目的の1つです。

・意思決定のための裏付け

新しい商品を市場に導入するかどうかを決定する際に、過去の顧客の購買履歴や市場調査データを分析して、合理的かつデータに基づいた判断を行う——など、意思決定をサポートするために使用されます。

・予測と最適化

データ分析は、未来の出来事やトレンドを予測するためにも利用されます。これにより、需要の予測やリソースの最適な利用などが可能になります。

・洞察を得る

Webサイトのアクセスログを分析して、どのページが人気なのか、どの地域からのアクセスが多いのかといった傾向から、背後にある要因を推定する——など、収集したデータから洞察を得る手段として使用されます。

・仮説を立てて評価する

科学的な研究において、仮説の検証に利用されます。例えば、新しい薬の効果を調査する際に、統計的な手法を使って試験結果の信頼性を評価します。

例えば、需要予測モデルを用いて在庫を最適化することが考えられます。

データ分析を学ぶことで、ビジネスや科学の分野での問題解決に貢献できるようになりそうですね。

●データ分析の基本的な手順

データ分析はどのように始めたらよいのでしょう。特に手順が決まっているわけではありませんが、多くの場合に用いられる基本的な手順があるので、見ていきましょう。

63-01 データ分析の基本的な手順

●データの収集

まずはデータを手に入れましょう。CSV形式やExcelファイルに蓄積されたデータ、あるいはWeb上で公開されているデータがあればそれを利用します。データ分析の学習が目的であれば、Pythonの外部ライブラリ(scikit-learnなど)に用意されている学習用のデータセットを利用しましょう。

●点検 …… データのクリーニング

・異常の発見 ～ 外れ値の処理

データの中には異常な値 (外れ値) が潜んでいます。これを見つけて代替の値(平均値や中央値など)に置き換えるなどの処理をして、正常な範囲に修正します。

・カテゴリカルデータの変換

文字列で表現されたカテゴリカルな情報がある場合には、適切な数値に変換して、分析のための計算が可能な状態にします。

・データの正規化

多くの場合、データには複数の項目が含まれます。項目ごとにスケール(尺度)がバラバラだと、分析がうまくいかない場合があります。このような場合はMin-Maxスケーリングや標準化という手法を使って、項目間のスケールを揃える(正規化する)ことがあります。

●データの探索

　データの準備ができたら、いざデータの中に飛び込んで、何が起きているのか見ていきましょう。記述統計学の手法で、データを表にしたときの項目（列）ごとに、平均、中央値、標準偏差などの「基本統計量」を計算します。これが分析の真骨頂ともいえ、どのようなパターンが隠れているのか見えてきます。

●可視化の魔法

　データを見るとき、または見せるときは、数字のままではなくグラフ化することが重要。Matplotlibや Seabornなどのライブラリを使って、データをバリバリとビジュアル化します。そのことによってデータの個性がはっきりと見えてきます。

●モデリングによるさらなる探求

　散布図を描いてみてもデータの傾向がわからないとき、「モデル」を使って数学的に関係性を見つけることができます。モデルとは、データに対する仮説や予測の仕組みのことで、仮説を数学的な式や関数で表現します。例えば、

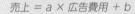

売上 = a × 広告費用 + b

のような式です。

> モデルの種類には、線形回帰、決定木、ランダムフォレスト、ニューラルネットワークなどがあります。まずは線形回帰のような簡単なモデルから始め、徐々に複雑なモデルに進んでいくとよいでしょう。

●結果の解釈と共有

　Jupyter Notebookやレポートを使って、データ分析の成果を仲間たちと共有しましょう。どのような分析でも、報告書があれば次の分析者にとっての貴重な資産になります。

基本統計量は、データセットの中に含まれる数値データの特徴を要約するための統計的な指標です。データの収集と点検、クリーニングが済んだら、基本統計量によるデータの探索に取りかかります。

●基本統計量とは？

主な基本統計量には、次表のものがあります。

基本統計量の種類	説明
平均 (Mean)	データの値をすべて足し合わせて、それをデータの個数で割った値です。データの「中心」を表します。
中央値 (Median)	データを小さい順に並べたとき、真ん中に位置する値です。外れ値（異常値）の影響を受けにくく、データの「中央」を表します。
分散 (Variance)	データのばらつき具合を表す指標で、データの散らばり具合を数値で示します。
標準偏差 (Standard Deviation)	データが平均からどれだけばらついているかを示す指標です。標準偏差が小さいほど、データは平均の近くに集まっていることになります。
最小値と最大値 (Minimum and Maximum)	データの最小値と最大値です。データの範囲を示します。
四分位数 (Quartiles)	データを四等分したときの境界となる値で、外れ値を見つける場合に用いられます。 ・第1四分位数（25%点） ・第2四分位数（中央値） ・第3四分位数（75%点）

●平均

データの項目 (列) ごとに合計値を求め、それをデータの数で割ります。

$$平均 = \frac{合計値}{データの数}$$

●中央値

データの項目 (列) ごとの中央値は、データを昇順または降順にソートして求めます。

・データの数が奇数の場合
中央の位置にある値が中央値です。

・データの数が偶数の場合
中央の2つの値の平均が中央値です。

●分散

各データと平均値の差を二乗して足し合わせ、データ数で割って求めます。

$$分散 = \frac{(データ1 - 平均)^2 + (データ2 - 平均)^2 + \cdots + (データn - 平均)^2}{データの数}$$

●標準偏差

分散の平方根をとって求めます。分散はデータと平均の差の二乗和なので、平方根をとることで元のデータの単位に戻し、散らばり具合をより理解しやすくします。

$$標準偏差 = \sqrt{分散}$$

11

データ分析 (機械学習) 超入門

●四分位数

　四分位数は、項目（列）ごとのデータを小さい順に並べて四等分した位置にある値を示します。

$$第1四部位数(Q1)の位置 = 第\left(\dfrac{データ数 + 1}{4}\right)項$$

$$第2四部位数(Q2)の位置 = 第\left(\dfrac{データ数 + 1}{2}\right)項$$

$$第3四部位数(Q3)の位置 = 第\left(\dfrac{3(データ数 + 1)}{4}\right)項$$

第2四部位数は
中央値と同じです。

●最小値と最大値

　項目（列）ごとのデータを昇順または降順に並べて求めます。

・最大値	・最小値
データの中から最も大きい値を見つけます。	データの中から最も小さい値を見つけます。

65 機械学習ライブラリと グラフ描画ライブラリを使う

Pythonにおけるデータ分析では、外部ライブラリを使用することになります。ここでは、データ分析の定番ライブラリであるscikit-learnとPandas、データの可視化を行うMatplotlibとSeabornなどについて紹介します。

●scikit-learnとは

scikit-learn (サイキット・ラーン) は、Pythonのデータ分析 (機械学習を含む) のためのライブラリです。データ分析を簡単に実践できる便利なツールやアルゴリズムが提供されていて、データ分析の初学者から専門家まで、幅広いユーザーに利用されています。

65-01 scikit-learnの概要

項目	内容
機械学習 アルゴリズム	クラス分類、回帰、クラスタリング、次元削減、サポートベクターマシン、ランダムフォレスト、k-最近傍法、k-means、主成分分析 (PCA) など、機械学習に必要なあらゆる機能が提供されています。
データ前処理	データセットの分析用とテスト (評価) 用への分割、欠損値の処理、データのスケーリング (正規化) など、分析前に必要なデータの前処理機能が提供されています。
モデル評価	分析用に作成したモデルの性能を評価するための機能や、モデルを微調整して性能アップするための機能が提供されています。
単純なインターフェース	使い方が一貫したシンプルなAPIを実現するためのクラスや関数が用意されているので、分析用のタスクを素早く実行できます。

●Pandasとは

Pandas (パンダス) は、Pythonのデータ分析用ライブラリです。大きな特徴は、**データフレーム**および**シリーズ**と呼ばれるデータ構造を提供していることで、外部データ (CSV形式やExcelファイル) の取り込み、整形、前処理、分析が容易になります。

65-02 Pandasの概要

項目	内容
データ構造	・**データフレーム (DataFrame)** 　表形式のデータ構造で、行と列から構成されます。Excelの集計表のような構造と考えることができます。 ・**シリーズ (Series)** 　一次元の配列(またはリスト)のようなデータ構造で、データフレームの1つの列データを表します。
データの読み込みと書き込み	様々なファイル形式 (CSV、Excel、SQL、JSONなど) からデータを読み込むためのメソッドが提供されています。
データの結合とグループ化	複数のデータセットを結合したり、データを特定のキーでグループ化したりできます。
データの前処理	欠損値の処理、重複データの処理、カテゴリカルなデータの数値への変換などが行えます。
データの可視化	グラフ作成ライブラリMatplotlibと組み合わせて実行することで、データのグラフ化などの可視化が効率的に行えます。

scikit-learnだけでも
データ分析を行えますが、
Pandasを組み合わせると、
データを表形式で扱えるので
プログラミングがしやすいのです。

●NumPy とは

NumPy (ナンパイ) は、数値計算用のライブラリであり、科学計算やデータ処理のための基本的な機能が搭載されています。

- **多次元配列** (ndarray) をサポートし、効率的で柔軟な数値データの操作を可能にします。多次元配列は、機械学習の計算に不可欠な行列を表現できるのが大きなポイントです。
- for ループなどを使わずに、行列を表現する多次元配列に演算を適用できます。
- 数学関数や演算が豊富に提供されていて、行列演算、統計計算、線形代数操作などが簡単に行えます。
- Python の標準的なデータ構造と統合されていて、リストや辞書 (ディクショナリ) などと簡単に連携できます。
- 他の数値計算ライブラリとも親和性が高く、scikit-learn、Matplotlib などと組み合わせて使われることがよくあります。

●Matplotlib、Seaborn

Matplotlib (マットプロットリブ) は、Python でデータを視覚化するための、広く使われているライブラリです。グラフ、プロット、チャートなど、様々な形での視覚化の機能が提供されています。

Seaborn (シーボーン) は、Matplotlib をベースに動作するデータ視覚化ライブラリです。統計的なグラフを描画するために設計されています。

❶ VSCode で Notebook を作成し（既存の Notebook を開いても可）、仮想環境のインタープリターを選択しておきます。
❷ **ターミナル**メニューの**新しいターミナル**を選択してターミナルを起動し、以下のように pip コマンドで各ライブラリをインストールしてください。

● scikit-learn

```
pip install scikit-learn
```

● Pandas

```
pip install pandas
```
　　　　　　　　　　　———— ライブラリ名はすべて小文字

● NumPy

```
pip install numpy
```
　　　　　　　　　———— ライブラリ名はすべて小文字

● Matplotlib

```
pip install matplotlib
```
　　　　　　　　　　　———— ライブラリ名はすべて小文字

● Seaborn

```
pip install seaborn
```
　　　　　　　　　　———— ライブラリ名はすべて小文字

66 実際に基本統計量を求めてみる

データ分析では、分析自体はもちろんですが、分析するデータを集めることが大変だったりします。幸い、scikit-learnには学習用として、用途別にまとめられたデータ（データセット）が用意されています。小規模なものから比較的大規模なものまであります。

●「Iris」データセット

scikit-learnで提供されている「Iris」データセットには、iris（アヤメ）の花の特徴として次の4つのデータがアヤメの品種（setosa、versicolor、virginica）ごとに記録されています。データからアヤメの品種を予測する「分類問題」の題材として利用されるものです。

・sepal length（がくの長さ）　：cm単位
・sepal width（がくの幅）　　　：cm単位
・petal length（花びらの長さ）：cm単位
・petal width（花びらの幅）　　：cm単位

66-01 　花びらとがく

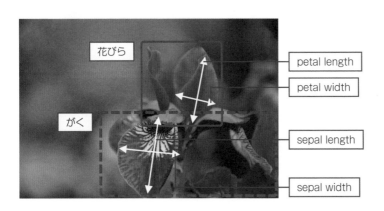

4つの列データが、アヤメの種類ごとに150件収録されていて、それぞれの行のアヤメの3品種を示す0〜2の数値が別途で収録されています。

「species」列の数値とアヤメの3品種との対応

「species」列の数値	アヤメの品種
0	setosa (セトサ：ヒオウギアヤメ)
1	versicolor (バージカラー)
2	virginica (バージニカ)

●ところで何をすればいいのか？

Irisデータセットは、機械学習の「**分類問題**」のためのものです。分類問題とは、「与えられたデータから、それがどの分類先（「**クラス**」と呼びます）に属するか」を予測する機械学習のタスクのことです。

Irisデータセットの場合は、「花びらやがくの長さと幅を読み込むと、品種を正しく分類できる」モデルを構築することが目的になります。

モデルって、scikit-learnのメソッドで作成できるのですよね？

●Irisデータセットを読み込んで表示してみる

まずは、Irisデータセットがどんなものであるのか、実際にダウンロードして中身を表示してみましょう。Notebookを作成して、セルに次のコードを入力して実行してみてください。

手順としては、scikit-learnの load_iris()関数でデータセットを ダウンロードし、これをPandasの データフレームに格納したあと、 冒頭の5件のデータを表示します。

66-03 Irisデータセットをダウンロードして冒頭5件のデータを出力 （Notebookのセル1）

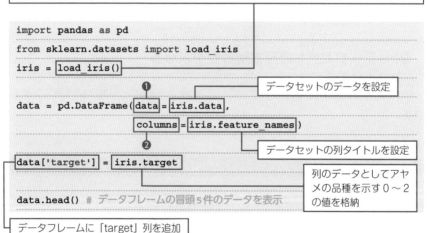

Irisデータセットをダウンロードします。データセットは sklearn.utils.Bunch という辞書によく似た構造を持つオブジェクトに格納されています

```
import pandas as pd
from sklearn.datasets import load_iris
iris = load_iris()

data = pd.DataFrame(data=iris.data,
                    columns=iris.feature_names)
data['target'] = iris.target

data.head()  # データフレームの冒頭5件のデータを表示
```

❶
データセットのデータを設定

❷
データセットの列タイトルを設定

列のデータとしてアヤメの品種を示す0～2の値を格納

データフレームに「target」列を追加

❶dataはデータフレームに格納するデータを指定するためのオプション。
❷columnsは列タイトルを指定するためのオプション。

66-04 Irisデータセットからデータを取り出すためのキー
（「Bunchオブジェクト.キー」と指定）

キー	取り出される値
data	列ごとのデータが格納されている配列
target	ターゲット（アヤメの品種を示す0〜2）が格納されている配列
target_names	ターゲットのクラス名（アヤメの品種名）が格納されている配列
feature_names	データセットの列のタイトルが格納されている配列
DESCR	データセットの詳細な説明

66-05 実行結果（Notebookのセル下に出力）

	sepal length (cm)	sepal width (cm)	petal length (cm)	petal width (cm)	target
0	5.1	3.5	1.4	0.2	0
1	4.9	3.0	1.4	0.2	0
2	4.7	3.2	1.3	0.2	0
3	4.6	3.1	1.5	0.2	0
4	5.0	3.6	1.4	0.2	0

冒頭5件の
データのみ
出力してい
ます

●Irisデータセットの基本統計量を求める

Pandasの**describe()メソッド**は、データフレームの列ごとの基本統計量を計算します。

66-06 Irisデータセットの各列の基本統計量を求める（Notebookのセル2）

```
statistics = data.describe() # データフレームdataの各列の基本統計量を取得
print(statistics) # 出力
```

	がくの長さ sepal length (cm)	がくの幅 sepal width (cm)	花びらの長さ petal length (cm)
count	150.000000	150.000000	150.000000
mean	5.843333	3.057333	3.758000
std	0.828066	0.435866	1.765298
min	4.300000	2.000000	1.000000
25%	5.100000	2.800000	1.600000
50%	5.800000	3.000000	4.350000
75%	6.400000	3.300000	5.100000
max	7.900000	4.400000	6.900000

	petal width (cm)	target
count	150.000000	150.000000
mean	1.199333	1.000000
std	0.762238	0.819232
min	0.100000	0.000000
25%	0.300000	0.000000
50%	1.300000	1.000000
75%	1.800000	2.000000
max	2.500000	2.000000

花びらの幅

ターゲット（アヤメの品種を示す0〜2の値）です

花びらの長さの標準偏差を見ると、平均3.758cmからプラスマイナス約1.8cmの範囲内に多くのデータ*が含まれることがわかります。つまり、4つのデータの中で、花びらの長さのバラツキが最も大きいと考えられます

11

データ分析（機械学習）超入門

＊**多くのデータ**：統計学では、「平均マイナス標準偏差」から「平均プラス標準偏差」までの範囲にデータ全体の約68％が含まれるとされています。

67 データの可視化

　前の単元では、Iris データセットの各列のデータに対して、基本統計量を求めてみました。さらにどのような情報が隠れているのかを知るために、データをグラフにして視覚化してみましょう。

●ヒストグラムとは

　ヒストグラムはデータの全体的な特徴を見るためのグラフで、データの分布や特性を把握するのに役立ちます。

67-01　ヒストグラムの概要

データのビン分割	ヒストグラムを作成するには、まず、データの範囲をいくつかの等間隔の階級 (ビン) に分割します。各ビンはデータの値の範囲を表します。棒グラフの1本の棒の横幅に相当します。
度数や相対度数の表現	各ビンには、その範囲に含まれるデータの数 (度数) または相対度数が割り当てられます。度数は各ビンの高さを表し、相対度数は縦軸全体に対する各ビンの割合を示します。
連続データの分布を視覚化	ヒストグラムは主に連続データの分布を視覚化するために使用されます。データが「どの範囲に集中しているか」または「どの範囲に散らばっているか」を把握できます。
形状の特徴	ヒストグラムの形状はデータの特性を示します。「平均値を中心とする左右対称の山型の形状」なのか、それとも「左右非対称な形状」や「複数のピーク (山) のある形状」なのか、なども捉えることができます。
異常値の検出	ヒストグラムにすることで、データ内の異常値や外れ値を発見することもできます。極端に高い度数を持つビンや、逆に低い度数を持つビンが存在する場合、それらは異常値の存在の可能性を示しています。

●散布図とは

散布図は2つの変数間の関係やデータの傾向を視覚的に理解するための手法であり、データのパターンを発見するのに役立ちます。

67-02 散布図の概要

データ点の表示	散布図では通常、平面上にデータの位置を示す点をプロット（描画）します。各点は2つの変数の値を表します。横軸に1つの変数、縦軸にもう1つの変数を対応させます。ここでの変数とは、データセットの列データと考えてください。
相関関係の確認	散布図を見ると、データ点がどのように配置されているのか一目でわかります。点が右上がりに傾いている場合、正の相関があります。右下がりに傾いている場合、負の相関があります。水平に広がっている場合、相関がほとんどないことになります。
データの散らばり	散布図はデータの散らばりも示します。データ点が集まっているか、広がっているかなど、分布の様子が視覚的に確認できます。
外れ値の発見	散布図は外れ値を見つけるのにも役立ちます。他のデータ点から離れてポツンと位置している点は、異常値や特殊なケースを示している可能性があります。
パターンの識別	データが特定のパターンやクラスター（集団）を形成しているかどうかも、散布図から読み取ることができます。これはクラス分類やグループの特定に役立ちます。

「正の相関」は「値が大きくなるともう一方の値も大きくなる」関係のことで、「負の相関」は「値が大きくなるともう一方の値が小さくなる」関係のことです。

11

データ分析（機械学習）超入門

●Irisデータセットのヒストグラムと散布図を描画してみる

次に示すのは、Irisデータセットのヒストグラムと散布図の作成ポイントです。

> ・ヒストグラムは1つの変数 (列データ) についてのグラフなので、Irisデータセットの
>   場合は4つの変数についてそれぞれ描画することになります。
> ・散布図は2変数間のデータ点です。Irisデータセットの場合は4変数なので、全部で6
>   通りの組み合わせになります。さらに、縦軸と横軸の変数を入れ替えることを考慮す
>   ると、12個の散布図を作成することになります。

Seabornライブラリには、データセットを設定すると、すべての変数に対してヒストグラムと散布図を一括作成してくれる**pairplot()**という便利なメソッドがあるので、これを使ってみましょう。また、Seabornライブラリにも Iris データセットが用意されていて、**load_dataset()関数**でPandasのデータフレームとして読み込むようになっている*ので、併せて利用することにします。

67-03 Seabornの load_dataset()関数でデータフレームに読み込んだ
Irisデータセット

	sepal_length	sepal_width	petal_length	petal_width	species
0	5.1	3.5	1.4	0.2	setosa
1	4.9	3.0	1.4	0.2	setosa
2	4.7	3.2	1.3	0.2	setosa
3	4.6	3.1	1.5	0.2	setosa
4	5.0	3.6	1.4	0.2	setosa
...	...	...	...	...	...
145	6.7	3.0	5.2	2.3	virginica
146	6.3	2.5	5.0	1.9	virginica
147	6.5	3.0	5.2	2.0	virginica
148	6.2	3.4	5.4	2.3	virginica
149	5.9	3.0	5.1	1.8	virginica

150 rows × 5 columns

> species 列はアヤメの品種です。数値ではなく文字列として格納されています

---

*読み込むようになっている：Seabornに含まれるデータセットは、Seabornライブラリのインストール時に一緒にコピーされている。

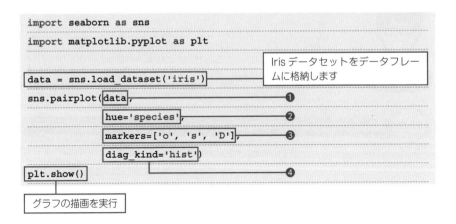

67-04 Irisデータセットのヒストグラムと散布図をまとめて描画
（Notebookのセル1）

```
import seaborn as sns
import matplotlib.pyplot as plt

data = sns.load_dataset('iris')    ← Iris データセットをデータフレー
                                       ムに格納します
sns.pairplot(data,                 ❶
            hue='species',          ❷
            markers=['o', 's', 'D'],  ❸
            diag_kind='hist')       ❹
plt.show()                          ❹
```

グラフの描画を実行

❶第1引数にデータフレームを設定。

❷hue オプションには、データ点を色分けする基準を設定します。ここでは'species'
（アヤメの品種が格納されている列）を指定しています。

❸markersはデータ点としてのマーカーの種類を、リストを使って指定します。

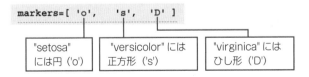

markers=['o',   's',   'D']

"setosa"   "versicolor" には   "virginica" には
には円（'o'）   正方形（'s'）   ひし形（'D'）

"setosa"、"versicolor"、"virginica"の順序は、データフレームのspecies列におけ
る出現順序に基づいています。

❹diag_kindは、描画される散布図行列の対角線に描かれるグラフの種類を指定し
ます。ここでは4×4のグラフ描画領域の対角線上のマス目にヒストグラム（'hist'）
が描かれます。

11

データ分析（機械学習）超入門

「**散布図行列**」は、変数間のすべての組み合わせ（同じ変数同士の組み合わせを含む）になります。4変数の場合は6通りの組み合わせに縦軸と横軸の変数を入れ替えを含めた12通り、さらに同じ変数同士の組み合わせを含めて16通り、つまり16個のマス目になるイメージです。

対角線上は同じ変数同士の組み合わせになるので、ここに対象の変数のヒストグラムを入れるようにしました

67-05 Iris データセットの各特徴量（変数）ごとのヒストグラムと散布図

「花びらの長さ」と「がくの長さ」の組み合わせでは、「軸を入れ替えても3品種が3つのグループに分かれている」ことが確認できます

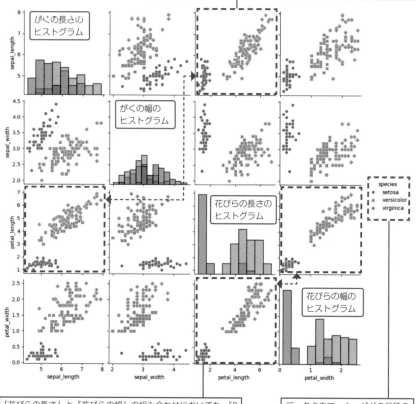

「花びらの長さ」と「花びらの幅」の組み合わせにおいても、「3品種が3つのグループに分かれている」ことが確認できます

データ点のマーカーがどの品種のものなのかを示しています

グラフが描かれているマス目の
縦方向と横方向にデータセットの
変数（列データ）が並んでいて、
それぞれが交差するところが
対象の変数間の散布図になります。

Point ## ヒストグラムから何を読み取ればいいの？

Irisデータセットの各変数のヒストグラムを観察することにより、各変数の特性や
データセット全体の概要を理解できます。

・分布の形状

ヒストグラムの形状から、データの分布状況がわかります。データの分布が中央付
近に集中した山型に近いか、またはバラバラに分布しているか、などです。

・データの範囲と中央値

例えば、がくの長さが一番多い範囲や、花びらの幅の中央値がどのくらいかを確認
できます。

・外れ値の確認

異常に大きい（または小さい）値があれば、それを確認できることがあります。

・複数のピーク

ヒストグラムに複数のピーク（山）がある場合、複数の異なる集団が存在する可能
性があります。これは、アヤメの品種に関連しているかもしれません。

散布図から何を読み取ればいいの？

　Irisデータセットのすべての散布図を観察することにより、異なるアヤメの種類や変数の間の関係を把握することができます。

・アヤメの種類の違い

　散布図で色分けされたデータ点を見ることで、「アヤメの品種（setosa、versicolor、virginica）がどのように分布しているか」がわかります。

・変数間の関係

　2つの変数の散布図を見ることで、変数間の関係を観察できます。例えば、がくの長さと花びらの長さの散布図から、これらの変数が正の相関を示しているかどうかがわかります。

データ分析における「変数」と「特徴量」

　「変数」と「特徴量」は、データ分析や機械学習において、それぞれ次のような意味を持ちます。

・変数

　変数は、データセットにおける「列データ」のことを指します。例えば、身長や体重、売上金額などが変数です。変数には数値だけでなく、カテゴリカルな要素（色、種類など）も含まれます。データセット内の行データは、それぞれ変数ごとの値を持っています。

・特徴量

　特徴量は、機械学習の文脈で使われる用語で、モデルの学習や予測に使用される変数のことを指します。

　結局は変数も特徴量も同じ意味を持ちますが、一般に機械学習の文脈では、変数が特徴量として使用されることがよくあります。

68 変数(列データ)間の関係を可視化する

データセットの変数(列データ)同士がどれだけ強く、またはどれだけ弱く関連しているかを測定する統計的な指標として「**相関係数**」があります。

●変数間の「相関」とは

データセットの2つの変数(列データ)が統計的に関連しているとされた場合、「相関がある」という表現をします。「一方の変数の値が変化すると、もう一方の変数の値も一定の程度で変化する傾向がある」場合です。具体的には、以下のように「正の相関」「負の相関」および「無相関」の3つの状態があります。

●相関

・正の相関

「一方の変数が増加すると、もう一方の変数も増加する」傾向がある場合、「正の相関がある」といいます。

正の相関がある

・負の相関

「一方の変数が増加すると、もう一方の変数が減少する」傾向がある場合、「負の相関がある」といいます。

負の相関がある

・無相関

変数間には統計的な関係が見られない場合は、「相関がない(無相関)」といいます。

●相関係数

　2変数間の相関関係がどれだけ強いのか、またはどれだけ弱いのかを示す統計的な指標に「**相関係数**」があります。相関係数の求め方では、「**ピアソンの相関係数**」が一般的です。ピアソンの相関係数は、−1から1までの範囲の値をとります。

・相関係数が1に近い正の値である場合
　明らかな正の相関。一方の変数が増加すると、もう一方の変数も増加する傾向があります。

・相関係数が−1に近い負の値である場合
　明らかな負の相関。一方の変数が増加すると、もう一方の変数は減少する傾向があります。

・相関係数が正・負いずれにしても0に近い場合
　無相関。変数間には統計的な相関関係がほとんど見られません。

　以下は相関係数の値に基づく、一般的な判断の目安です。

・絶対値が0.2からは弱い相関
・絶対値が0.4からは中程度の相関
・絶対値が0.6からは強い相関
・絶対値が0.8からは非常に強い相関

> 相関係数は変数間のパターンを示すため、外れ値や異常なパターンがある場合、相関係数を確認することでそれらの影響を評価できることがあります。

●相関行列から「ヒートマップ」を作成してみよう

相関係数のすべての組み合わせを調べるときは、「**相関行列**」を使うと便利です。相関行列は、変数同士を「総当たり」させて、すべての組み合わせにおける相関係数を1つの表にまとめたものです。さらに、色を用いてデータの相対的な大小やパターンを強調し、表を見やすくするための「**ヒートマップ**」というものがあります。これを相関行列に適用すると、

・相関係数が大きい値のときは「熱そうな色（暖色系）」
・相関係数が小さい値のときは「寒そうな色（寒色系）」

で表示するので、視覚的に理解しやすくなります。

Pandasの**corr()メソッド**は、データフレームの列データから総当たりの相関行列を作成します。さらにSeabornには、相関行列からヒートマップを作成する**heatmap()関数**があるので、これらを用いてIrisデータセットをヒートマップにしてみることにしましょう。

68-01 Irisデータセットをヒートマップで視覚化する

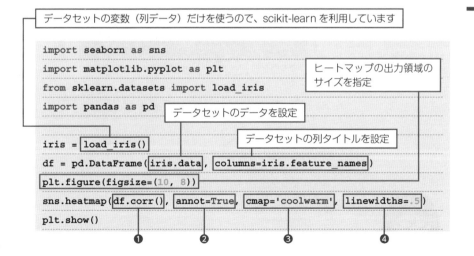

データセットの変数（列データ）だけを使うので、scikit-learn を利用しています

```
import seaborn as sns
import matplotlib.pyplot as plt
from sklearn.datasets import load_iris
import pandas as pd
                      データセットのデータを設定

iris = load_iris()
df = pd.DataFrame(iris.data, columns=iris.feature_names)
plt.figure(figsize=(10, 8))
sns.heatmap(df.corr(), annot=True, cmap='coolwarm', linewidths=.5)
plt.show()
```

ヒートマップの出力領域のサイズを指定

データセットの列タイトルを設定

❶ ❷ ❸ ❹

❶相関行列を求めて、これを第1引数にします。

❷ヒートマップの各セルに相関係数の値を表示するためのオプションをTrueにします。

❸ヒートマップの色を指定するためのオプションに、青から赤へのカラーマップを表す'coolwarm'を指定します。

❹各セル間のラインの幅を0.5ポイントとします。

68-02 実行結果（セル下に出力）

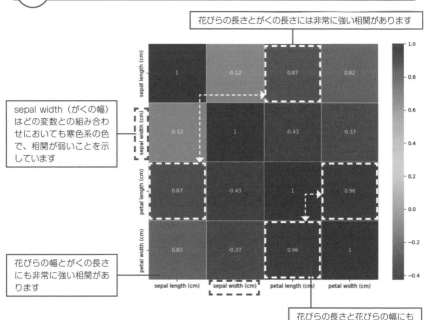

花びらの長さとがくの長さには非常に強い相関があります

sepal width（がくの幅）はどの変数との組み合わせにおいても寒色系の色で、相関が弱いことを示しています

花びらの幅とがくの長さにも非常に強い相関があります

花びらの長さと花びらの幅にも非常に強い相関があります

相関が強い変数は分析に
有益である可能性が高いので、
分析に使うかどうかの
判断材料にもなります。

69 ▷ アヤメの品種を分類する

これまでに、Irisデータセットの全体的な特徴を見るための基本統計量を求め、データの視覚化や相関係数などを通じて探求してきました。ここでは、いよいよモデルを用いたアヤメの品種分類を行います。

●アヤメの品種分類にロジスティック回帰を使う理由

アヤメの品種分類のような、機械学習でいう「**分類問題**」には、サポートベクターマシンや決定木、ランダムフォレスト、ニューラルネットワークなどの高度なアルゴリズムを搭載するモデルが使われますが、ここでは「**ロジスティック回帰**」を使うことにします。初心者にとって理解しやすく、扱いやすい分類アルゴリズムの1つとされているからです。

●ロジスティック回帰の特徴

• **直感的な理解**

ロジスティック回帰は、分類先のカテゴリ（クラス）に属する確率を予測するモデルです。0から1までの確率を出力し、0.5を境に2クラスの分類を行います。これは、「あるデータが属するクラスについてどれくらい確信しているか」といった直感的な理解がしやすいです。Irisデータセットのような3品種の分類（3クラス分類）については、各クラスごとに2クラスの分類を繰り返すことで実現します。

> 2クラスの分類は、散布図上のデータ点を
> 二分する1本の境界線を引くことで行います。
> これに対して3クラスの分類は、データ点を
> 三分割するために3本の境界線が
> 引かれるイメージです。

・シンプルな数学

数学的な背景は比較的単純であり、重み（モデルのパラメーター）と変数（列データ）を結合したものを「**シグモイド関数**」にかけることで、確率を得る——というのが基本的な考え方です。

69-01 シグモイド関数の式

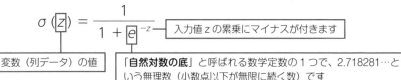

$$\sigma(z) = \frac{1}{1 + e^{-z}}$$

入力値 z の累乗にマイナスが付きます

変数（列データ）の値

「**自然対数の底**」と呼ばれる数学定数の 1 つで、2.718281… という無理数（小数点以下が無限に続く数）です

累乗の数字にマイナスの付いたものは逆数を表します。

計算例：

$$2^{-3} = \frac{1}{2^{-3}} = \frac{1}{8} = 0.125$$

この本は数式に切り込むことが目的ではないので、「変数の値を入力すると、分類先のクラスに属する確率が出力される」ことをイメージしてもらえれば十分です。

・実装が容易

scikit-learn ライブラリを使用すると、ロジスティック回帰モデルを簡単に実装できます。モデルの訓練や予測は数行のコードで行えます。

・適用範囲が広い

ロジスティック回帰は、様々な分類問題で利用されており、医学的な診断、クレジット評価、スパム検出など、幅広い分野で実績があります。

●ロジスティック回帰で分類する手順

ロジスティック回帰でどのように分類するのか、その手順を紹介します。

①データセットの用意と前処理

Irisデータセットを読み込んで、必要に応じて正規化などの前処理を行います。ここではIrisデータセットのsepal length（がくの長さ）とsepal width（がくの幅）のみを使用することにします。変数の数を2にしておくと、散布図上で分類境界を可視化しやすくなるためです。

②訓練データとテストデータへの分割

機械学習では、モデルを訓練する（学習を行わせる）ことで、未知のデータに対してできるだけ正確な予測を行えるようにします。そのため、「学習後のモデルがどのくらい正確に予測できるようになったか」をテスト（検証）することが必要です。そこで、事前にデータセットを8：2くらいの割合で、訓練用とテスト用に分割しておきます。

③モデルの訓練

ロジスティック回帰モデルを作成し、訓練データを使用して訓練します。訓練の目的は、モデルのパラメーター（重み）の値を調整してデータに適合させ、分類先のカテゴリ（クラス）に正しく分類できるようにすることです（次ページの**Point**参照）。

④モデルの評価

訓練が完了したら、テストデータをモデルに入力して、正しく分類できるかどうかテストします。これを「**モデルの評価**」と呼びます。分類問題の場合は、正解率を求めることで評価します。

この手順は、機械学習の
「分類問題」や「予測問題」
における基本的な
手順です。

Point ロジスティック回帰モデルの訓練とは

　ここでは、話を簡単にするために、2つのカテゴリへの分類（2クラス分類）について考えることにします。まず、ロジスティック回帰モデルでは、入力する特徴量（列データの値）$x_1 \sim x_n$ に対して次のような計算します（特徴量の数はn個あるものとします）。

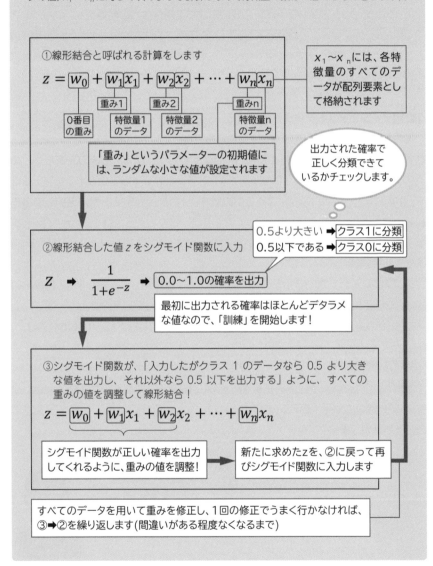

①線形結合と呼ばれる計算をします

$$z = \boxed{w_0} + \boxed{w_1 x_1} + \boxed{w_2 x_2} + \cdots + \boxed{w_n x_n}$$

重み1　重み2　重みn

0番目の重み　特徴量1のデータ　特徴量2のデータ　特徴量nのデータ

「重み」というパラメーターの初期値には、ランダムな小さな値が設定されます

$x_1 \sim x_n$には、各特徴量のすべてのデータが配列要素として格納されます

出力された確率で正しく分類できているかチェックします。

②線形結合した値 z をシグモイド関数に入力

0.5より大きい ➡ クラス1に分類
0.5以下である ➡ クラス0に分類

$$Z \rightarrow \frac{1}{1+e^{-z}} \rightarrow \boxed{0.0 \sim 1.0 \text{の確率を出力}}$$

最初に出力される確率はほとんどデタラメな値なので、「訓練」を開始します！

③シグモイド関数が、「入力したがクラス 1 のデータなら 0.5 より大きな値を出力し、それ以外なら 0.5 以下を出力する」ように、すべての重みの値を調整して線形結合！

$$z = \boxed{w_0} + \boxed{w_1} x_1 + \boxed{w_2} x_2 + \cdots + \boxed{w_n} x_n$$

シグモイド関数が正しい確率を出力してくれるように、重みの値を調整！

新たに求めたzを、②に戻って再びシグモイド関数に入力します

すべてのデータを用いて重みを修正し、1回の修正でうまく行かなければ、③➡②を繰り返します（間違いがある程度なくなるまで）

Point 3クラス分類のモデルの式

前ページの**Point**では2クラス分類での訓練について紹介しましたが、2クラスを超える多クラス分類では、線形結合の式がクラスの数だけ用意されます。Irisデータセットのsepal length（がくの長さ）とsepal width（がくの幅）の2特徴量を用いてロジスティック回帰で分類する場合は、アヤメの3品種に対応して3パターンの式が用意されます。重み（パラメーター）もそれぞれの式ごとに異なるものが使われます。

・クラス0 (setosa：セトサ)

$$z_{(1)} = w_{(1)0} + w_{(1)1} \cdot \text{がくの長さ} + w_{(1)2} \cdot \text{がくの幅}$$

> $z_{(1)}$ はクラス0に対応します

・クラス1 (versicolor：バージカラー)

$$z_{(2)} = w_{(2)0} + w_{(2)1} \cdot \text{がくの長さ} + w_{(2)2} \cdot \text{がくの幅}$$

> $z_{(2)}$ はクラス1に対応します

・クラス2 (virginica：バージニカ)

$$z_{(3)} = w_{(3)0} + w_{(3)1} \cdot \text{がくの長さ} + w_{(3)2} \cdot \text{がくの幅}$$

> $z_{(3)}$ はクラス2に対応します

※式ごとに重みが用意されるので、合計で3×3=9個の重みが用意されます。

> $z_{(1)}$、$z_{(2)}$、$z_{(3)}$ を順次、シグモイド関数に入力し、それぞれのクラスに属する確率を正しく出力できるように訓練（重みの調整）を行います。すなわち、これが学習（訓練）です。

●Iris データセットをロジスティック回帰で分類する

　ロジスティック回帰のモデルは、scikit-learnのLogisticRegressionクラスで作成できます。作成したLogisticRegressionオブジェクトに対して**fit()メソッド**を実行すると訓練が開始されます。Notebookを作成し、セルに次のコードを入力して実行してみましょう。

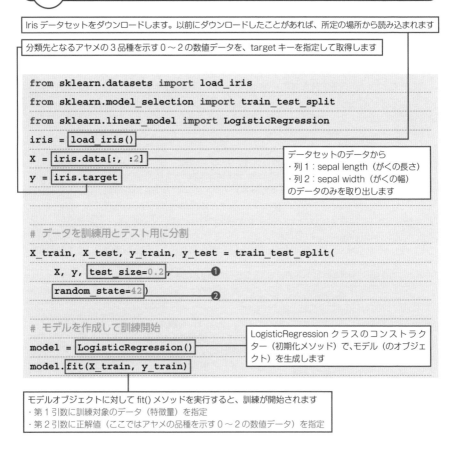

69-02 ロジスティック回帰モデルで訓練する（Notebookのセル1）

Iris データセットをダウンロードします。以前にダウンロードしたことがあれば、所定の場所から読み込まれます

分類先となるアヤメの3品種を示す0～2の数値データを、target キーを指定して取得します

```
from sklearn.datasets import load_iris
from sklearn.model_selection import train_test_split
from sklearn.linear_model import LogisticRegression
iris = load_iris()
X = iris.data[:, :2]
y = iris.target
```

データセットのデータから
・列1：sepal length（がくの長さ）
・列2：sepal width（がくの幅）
のデータのみを取り出します

```
# データを訓練用とテスト用に分割
X_train, X_test, y_train, y_test = train_test_split(
    X, y, test_size=0.2,        ❶
    random_state=42)            ❷
```

```
# モデルを作成して訓練開始
model = LogisticRegression()
model.fit(X_train, y_train)
```

LogisticRegression クラスのコンストラクター（初期化メソッド）で、モデル（のオブジェクト）を生成します

モデルオブジェクトに対して fit() メソッドを実行すると、訓練が開始されます
・第1引数に訓練対象のデータ（特徴量）を指定
・第2引数に正解値（ここではアヤメの品種を示す0～2の数値データ）を指定

❶test_sizeオプションでテストデータの割合を指定します。0.2を指定すると、
　8：2の割合で訓練用とテスト用に分割されます。

❷ランダムに分割する際に生成する乱数のシード値 (種となる値) として、適当な整数値を指定します。これにより、プログラムを何度実行しても、分割した結果が同じになります。必要がなければ指定しなくてもかまいません。

プログラムが終了すれば、訓練完了です！ 訓練済みのモデルにデータを入力して分類させ、分類結果と正解値 (データセットから抽出したアヤメの品種を示す0～2の数値) を照合して正解率を出してみましょう。

69-03 訓練済みモデルで分類し、正解率を出力 (Notebook のセル 2)

```
from sklearn.metrics import accuracy_score
# 訓練データでの予測
train_predictions = model.predict(X_train)
train_accuracy = accuracy_score(y_train, train_predictions)
print(f'訓練データの正解率: {train_accuracy:.2f}')


# テストデータでの予測
test_predictions = model.predict(X_test)
test_accuracy = accuracy_score(y_test, test_predictions)
print(f'テストデータの正解率: {test_accuracy:.2f}')
```

> 訓練済みモデルに predict()
> メソッドを実行して、分類結果を取得します。引数は訓練データ

> 正解率は小数点以下
> 2 桁まで表示

> accuracy_score() 関数の
> ・第 1 引数に正解値
> ・第 2 引数にモデルが出力した分類結果
> を指定すると、「結果がどのくらい正しいか」を示す正解率が取得できます

11

データ分析 (機械学習) 超入門

69-04 実行結果

> かなり高い的中率ですけど、どんなふうに分類しているのかグラフで見てみたいです！

訓練データの正解率: 0.80
テストデータの正解率: 0.90

●訓練済みモデルで分類境界を視覚化してみる

　訓練済みのロジスティック回帰モデルで、実際にどのように分類しているのかを視覚化する手順は次のようになります。

69-05 訓練済みモデルで散布図上に分類境界を描く

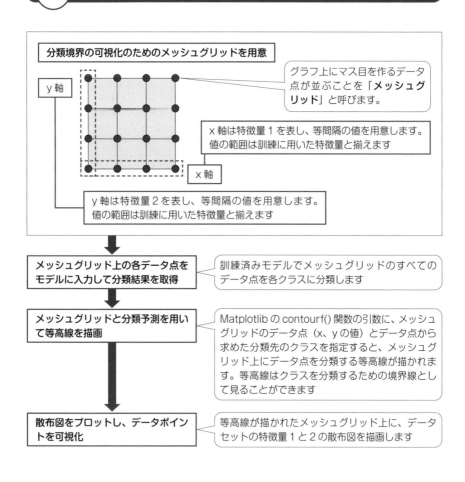

分類境界の可視化のためのメッシュグリッドを用意

y軸

グラフ上にマス目を作るデータ点が並ぶことを「**メッシュグリッド**」と呼びます。

x軸は特徴量1を表し、等間隔の値を用意します。値の範囲は訓練に用いた特徴量と揃えます

x軸

y軸は特徴量2を表し、等間隔の値を用意します。値の範囲は訓練に用いた特徴量と揃えます

メッシュグリッド上の各データ点をモデルに入力して分類結果を取得

訓練済みモデルでメッシュグリッドのすべてのデータ点を各クラスに分類します

メッシュグリッドと分類予測を用いて等高線を描画

Matplotlib の contourf() 関数の引数に、メッシュグリッドのデータ点（x、yの値）とデータ点から求めた分類先のクラスを指定すると、メッシュグリッド上にデータ点を分類する等高線が描かれます。等高線はクラスを分類するための境界線として見ることができます

散布図をプロットし、データポイントを可視化

等高線が描かれたメッシュグリッド上に、データセットの特徴量1と2の散布図を描画します

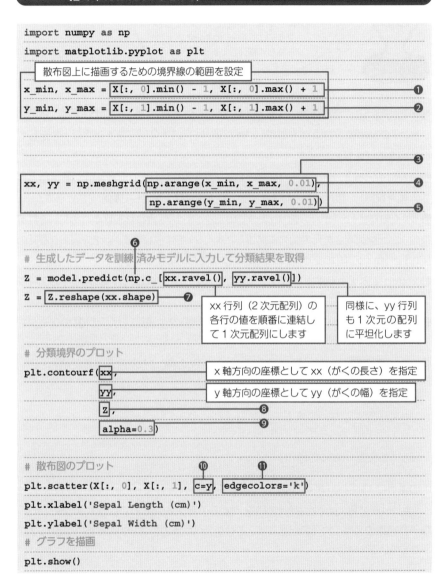

```
import numpy as np

import matplotlib.pyplot as plt
```

散布図上に描画するための境界線の範囲を設定

```
x_min, x_max = X[:, 0].min() - 1, X[:, 0].max() + 1    ❶
y_min, y_max = X[:, 1].min() - 1, X[:, 1].max() + 1    ❷
```

```
                                                            ❸
xx, yy = np.meshgrid(np.arange(x_min, x_max, 0.01),         ❹
                     np.arange(y_min, y_max, 0.01))         ❺
```

❻
```
# 生成したデータを訓練済みモデルに入力して分類結果を取得
Z = model.predict(np.c_[xx.ravel(), yy.ravel()])
Z = Z.reshape(xx.shape)    ❼
```

xx 行列（2次元配列）の各行の値を順番に連結して1次元配列にします

同様に、yy 行列も1次元の配列に平坦化します

```
# 分類境界のプロット
plt.contourf(xx,
```
x軸方向の座標として xx（がくの長さ）を指定

```
             yy,
```
y軸方向の座標として yy（がくの幅）を指定

```
             Z,          ❽
             alpha=0.3)   ❾
```

```
# 散布図のプロット
                       ❿           ⓫
plt.scatter(X[:, 0], X[:, 1], c=y, edgecolors='k')
plt.xlabel('Sepal Length (cm)')
plt.ylabel('Sepal Width (cm)')
# グラフを描画
plt.show()
```

かなり込み入った処理に
なってしまって恐縮です。
np.meshgrid()とnp.c_については、
314～316ページの**Point**で
詳しく紹介しています。

❶予測に用いる1つ目のデータ範囲として、データセットの1列目のデータ（がくの長さ）の最小値と最大値を取得し、最小値からは1を引き、最大値には1を足して範囲を広げます。

❷予測に用いる2つ目のデータ範囲として、2列目のデータ（がくの幅）の最小値と最大値を取得し、最小値からは1を引き、最大値には1を足して範囲を広げます。

❸「がくの長さ」と「がくの幅」のすべてのデータを組み合わせを作るために、それぞれの1次元配列を2次元の配列に拡張したxx、yyを作成します。xxとyyは、「がくの長さ」と「がくの幅」の交点（データ点）を求めるために使います。

❹x_minから x_max まで、0.01刻みの値（数列）を生成し、「がくの長さ」のデータを作ります。

❺y_minから y_max まで、0.01刻みの値（数列）を生成し、「がくの幅」のデータを作ります。

❻np.c_ を使用して、xx（がくの長さ）と yy（がくの幅）の配列を列方向に結合し、

[[がくの長さ1, がくの幅1],

　[がくの長さ2, がくの幅2],

　　　　　　⋮

　[がくの長さn, がくの幅n]]

のように1列目を「がくの長さ」、2列目を「がくの幅」とした行列を作成します。1列目を「特徴量1」、2列目を「特徴量2」としてモデルに入力できるようになります。

❼予測結果のZは1次元の配列です。これをxx（がくの長さ）やyy（がくの幅）の2次元配列と同じ形状：

(440行, 560列)

に変更します。このあと散布図上に等高線を引くための処理です。

❽Zは、xxとyyの座標グリッド上の各点におけるモデルの予測結果を表す2次元の配列です。Zの値に応じて、等高線で囲まれたエリアの色が変化します。

❾等高線の塗りつぶしの透明度を設定します。ここでは透明度を低く (alpha=0.3) したので、等高線の下にある散布図が透けて見えるようになります。

❿cオプションにy (アヤメの品種の正解値) を設定すると、アヤメの品種ごとに異なる色でマーカー (データ点) が表示されます。

⓫edgecolorsオプションでマーカーの縁の色を指定します。ここでは'k' (黒) を指定しています。

69-07 出力されたグラフ (セル下に出力)

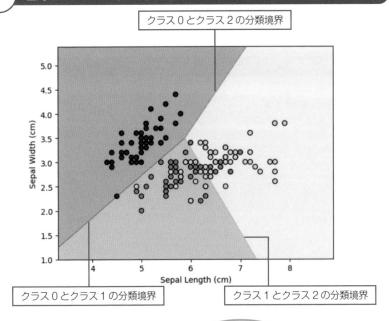

クラス0とクラス2の分類境界

クラス0とクラス1の分類境界

クラス1とクラス2の分類境界

11

データ分析 (機械学習) 超入門

等高線を引くことで分類境界を示しています。

紫の点がセトサ、緑の点がバージカラー、黄色の点がバージニカのようですね。

●訓練済みモデルで分類予測してみる

訓練済みモデルに、任意のがくの長さとがくの幅を入力して分類予測をしてみましょう。

69-08 訓練済みモデルで分類予測 (Notebook のセル4)

> 結果は配列で返されるので、要素のみを取り出します

```
# 新しいデータの特徴量 (Sepal Length, Sepal Width)
new_data = np.array([[5.0, 3.5]])
predicted_class = model.predict(new_data)
print(f'新しいデータの予測クラス: {predicted_class[0]}')
```

69-09 実行結果

新しいデータの予測クラス: 0

> 未知のデータとして、
> がくの長さを5cm
> がくの幅を3.5cm
> にしたところ、クラス0 (セトサ)
> という結果になりました。

Point **np.meshgrid() の処理**

NumPyの**np.meshgrid()**関数は、座標平面上の格子点 (**グリッドポイント**) を生成するための関数です。主に2次元平面における座標点の組み合わせを作成する際に使用されます。具体的には、np.meshgrid()は2つの1次元配列 (例えば、x軸方向の座標とy軸方向の座標) を受け取り、それらの座標のすべての組み合わせを返します。これにより、格子状の座標グリッドが構築できるようになります。

▼使用例

```
import numpy as np
x = np.array([1, 2, 3])
y = np.array([4, 5, 6])
xx, yy = np.meshgrid(x, y)
```

　xxとyyはそれぞれ以下のような2次元の座標グリッド（メッシュグリッド）となります。

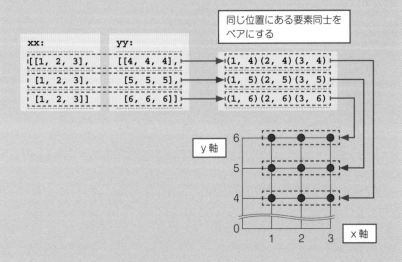

　この座標グリッドは、図のようにそれぞれの点でx座標とy座標の組み合わせを表しています。これを利用して、モデルの予測を可視化するためのグリッドポイントを作成したり、等高線を描いたりします。

分類境界を可視化する
プログラムでは、分類予測の
等高線をプロットする際に
利用しました。

11

データ分析（機械学習）超入門

315

Point np.c_

np.c_ は、NumPyの便利な機能の1つで、1次元の配列を列方向（横方向）に結合して2次元の配列とし、「行列」を作成する際に使用されます。

▼np.c_ の使用例

```python
import numpy as np
a = np.array([1, 2, 3])
b = np.array([4, 5, 6])
result = np.c_[a, b]
```

result は次のような2次元の配列になります。これは（3行, 2列）の行列です。

▼np.c_[a, b]で列方向に結合した結果

```
     列
[[1, 4],
     行
 [2, 5],
 [3, 6]]
```

np.c_ は、列方向に結合された行列を返します。この機能は、特に機械学習のコードで特徴量行列を構築する際に便利です。

> 等高線を描画するプログラムでは、xx と yy という2つの1次元の配列を np.c_[xx.ravel(), yy.ravel()] のように結合することで、2次元の座標グリッドを作成するのに利用されました。

70 相関の強い特徴量で モデルを訓練する

前の単元ではアヤメの品種分類について、「がくの長さ」と「がくの幅」の2つの特徴量 (列データ) を使ってモデルを訓練しました。ここでは、使用する特徴量を「花びらの長さ」と「花びらの幅」に変えて訓練してみることにします。

●相関の強い特徴量に変更して訓練してみる

前項では、Irisデータセットの「sepal length (がくの長さ)」と「sepal width (がくの幅)」を用いてロジスティック回帰モデルを訓練しました。ここでは、「petal length (花びらの長さ)」と「petal width (花びらの幅)」を用いてモデルを訓練してみることにします。

70-01 Irisデータセットの冒頭5件のデータ

	sepal length (cm)	sepal width (cm)	petal length (cm)	petal width (cm)	target
0	5.1	3.5	1.4	0.2	0
1	4.9	3.0	1.4	0.2	0
2	4.7	3.2	1.3	0.2	0
3	4.6	3.1	1.5	0.2	0
4	5.0	3.6	1.4	0.2	0

この2列の特徴量を使用します

「petal length (花びらの長さ)」と「petal width (花びらの幅)」は、ヒートマップにおいても非常に強い相関を示していました。

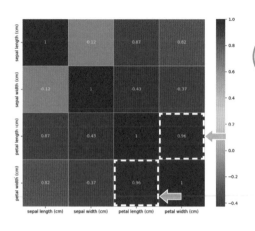

小さくて見にくいですが、
「花びらの長さ」と「花びらの幅」の
組み合わせが最も濃く、非常に
強い相関を示していました。

●ロジスティック回帰モデルを「petal length」と 「petal width」で訓練する

Irisデータセットの「petal length」と「petal width」を用いてロジスティック回帰モデルを訓練します。

70-03　ロジスティック回帰モデルで訓練する（Notebookのセル1）

```
from sklearn import datasets
from sklearn.model_selection import train_test_split
from sklearn.linear_model import LogisticRegression

# Irisデータセットを読み込む
iris = datasets.load_iris()
X = iris.data[:, [2, 3]]
y = iris.target
# データを訓練用とテスト用に分割
X_train, X_test, y_train, y_test = train_test_split(
```

データセットのデータから、
・列3：petal length（花びらの長さ）
・列4：petal width（花びらの幅）
のデータのみを取り出します

```
     X, y, test_size=0.2, random_state=42)
# ロジスティック回帰モデルを訓練
model = LogisticRegression()
model.fit(X_train, y_train)
```

データセットから
特徴量のデータを取り出す
箇所以外は、69-02のコードと
同じ内容です。

●モデルの評価

訓練が終了したら、訓練データとテストデータをそれぞれモデルに入力して、どのくらいの精度 (正解率) で分類できているかを確認します。

70-04 モデルが出力する分類結果の正解率を求める (Notebookのセル2)

```
from sklearn.metrics import accuracy_score

# 訓練データでの予測
train_predictions = model.predict(X_train)
train_accuracy = accuracy_score(y_train, train_predictions)
print(f'訓練データの正解率: {train_accuracy:.2f}')

# テストデータでの予測
test_predictions = model.predict(X_test)
test_accuracy = accuracy_score(y_test, test_predictions)
print(f'テストデータの正解率: {test_accuracy:.2f}')
```

▼ 実行結果

訓練データの正解率: 0.96

テストデータの正解率: 1.00

訓練データは0.80➡0.96に、
テストデータは0.90➡1.00 (!)に
上昇しました。

●分類境界を可視化

等高線を描画して、分類境界を可視化してみましょう。

70-05 「花びらの長さ」と「花びらの幅」の散布図上に、モデルが出力する
分類境界を描く（Notebookのセル3）

```python
import numpy as np
import matplotlib.pyplot as plt

# 分類境界を描画
x_min, x_max = X[:, 0].min() - 1, X[:, 0].max() + 1
y_min, y_max = X[:, 1].min() - 1, X[:, 1].max() + 1
xx, yy = np.meshgrid(np.arange(x_min, x_max, 0.01),
                     np.arange(y_min, y_max, 0.01))
Z = model.predict(np.c_[xx.ravel(), yy.ravel()])
Z = Z.reshape(xx.shape)
plt.contourf(xx, yy, Z, alpha=0.3)
# 散布図
plt.scatter(X[:, 0], X[:, 1],
    c=y, edgecolors='k', s=80)
plt.xlabel('Petal Length (cm)')
plt.ylabel('Petal Width (cm)')

plt.show()
```

> 今回はsオプションを使って、
> マーカーのサイズを大きめにし
> ました

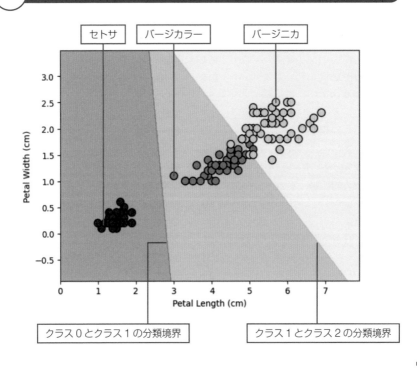

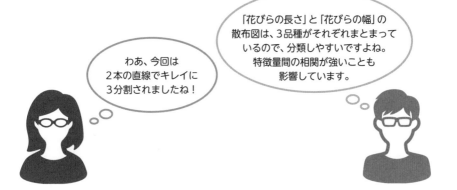

●索引

索引

索引

325

●参考文献

・『Effective Python―Pythonプログラムを改良する59項目』
Brett Slatkin（著）, 石井 敦夫（技術監修）, 黒川 利明（訳）
オライリージャパン（2016）

・『入門 Python 3 第2版』
Bill Lubanovic（著）, 鈴木 駿（監訳）, 長尾 高弘（訳）
オライリージャパン（2021）

・『Python Machine Learning』
Sebastian Raschka, Vahid Mirjalili（著）
Packt Publishing Limited（2019）

・『scikit-learn、Keras、TensorFlowによる実践機械学習 第2版』
Aurélien Géron（著）, 下田 倫大（監訳）, 長尾 高弘（訳）
オライリージャパン（2020）

・『Hands-On Machine Learning with Scikit-Learn, Keras, and TensorFlow: Concepts,
Tools, and Techniques to Build Intelligent Systems, Third Edition』
Aurélien Géron（著）
O'Reilly Media Inc.（2022）

・『Pythonではじめる機械学習―scikit-learnで学ぶ特徴量エンジニアリングと機械学習の基礎』
Andreas C. Muller, Sarah Guido（著）, 中田 秀基（訳）
オライリージャパン（2017）

・Thomas P. Minka（2003, October 22）「A comparison of numerical optimizers for
logistic regression」

・Python公式ドキュメント「3.12.1 Documentation - Python Docs」
（https://docs.python.org/ja/3/）

●イラスト

星野スウ / PIXTA(ピクスタ)

●ダウンロードサービスのご案内

　　本書で使用しているサンプルプログラムは、以下の秀和システムのWebサイトからダ
ウンロードできます。

https://www.shuwasystem.co.jp/support/7980html/6686.html

PC・IT図解
Pythonプログラミングの
技術としくみ

発行日　2024年 3月 6日　　　　第1版第1刷

著　者　金城　俊哉

発行者　斉藤　和邦
発行所　株式会社　秀和システム
　　　　〒135-0016
　　　　東京都江東区東陽2-4-2　新宮ビル2F
　　　　Tel 03-6264-3105（販売）Fax 03-6264-3094
印刷所　株式会社シナノ　　　　　　　　Printed in Japan

ISBN978-4-7980-6686-8 C3055